Patricia B. McConnell

Trafen sich zwei

Betrachtungen über
Menschen und Hunde

KYNOS VERLAG

Titel der amerikanischen Originalausgabe:
Tales of Two Species. Essays on Loving and Living with Dogs

© 2009 by Patricia McConnell / Dogwise Publishing, USA

Aus dem Amerikanischen übertragen von Gisela Rau

© für die deutsche Ausgabe 2009
KYNOS VERLAG Dr. Dieter Fleig GmbH
Konrad-Zuse-Straße 3 • D-54552 Nerdlen/Daun
Telefon: +49 (0) 6592 957389-0
Telefax: +49 (0) 6592 957389-20
www.kynos-verlag.de

2. Auflage 2011

Titelbild: www.iStockphoto.de

Gedruckt in Lettland

ISBN 978-3-938071-75-5

 Mit dem Kauf dieses Buches unterstützen Sie die
Kynos Stiftung Hunde helfen Menschen
www.kynos-stiftung.de

Für Will

Inhaltsverzeichnis

Einleitung

Im Jahr 2000 hörte ich von einer neuen Zeitschrift namens *The Bark,* die ursprünglich als Newsletter zur Befürwortung von Freilaufflächen für Hunde entstanden war. Die Herausgeberinnen Claudia Kawczynska und Cameron Woo nahmen mit mir Kontakt auf und fragten, ob ich nicht eine Kolumne über Hundeverhalten schreiben wolle. Sie klangen glaubwürdig, die ersten Ausgaben der Zeitschrift sahen toll aus (irgendjemand betitelte sie als den »New Yorker der Hunde«) und ich dachte mir, dass ich ja auch jederzeit wieder aufhören könnte, falls es nicht hinhauen sollte. Also sagte ich zu.

Zu sagen, das Schreiben von Kolumnen für *The Bark* hätte »hingehauen«, wäre etwa so wie die Aussage, dass Golden Retriever ein gewisses Interesse am Zusammensein mit Menschen zeigen oder Border Collies gelegentlich gern ein bisschen etwas zu tun hätten. Anders gesagt: Das Schreiben für *The Bark* war ein großes Vergnügen. Es hat mir Gelegenheit gegeben, mir auf eine so nachdenkliche und wohlüberlegte Art und Weise Gedanken über das Verhalten von Hunden zu machen – ganz zu schweigen von dem ihrer Menschen –, wie sie heutzutage in den Printmedien so oft keinen Raum mehr hat. Für die Redakteure von heute sind eher Schlagwortlisten der letzte Schrei: »Die zehn besten Methoden, Ihrem Hund die Krallen zu schneiden!« oder »Schlaue Rassen und dumme Rassen! Welche passt zu Ihnen?!« Es hat ja zugegebenermaßen auch etwas für sich, viel Information kurz zusammengefasst zu präsentieren und auch ich selbst habe durchaus frohgemut Schlagwortlisten für die verschiedensten Quellen einschließlich meiner eigenen Webseite verfasst. Aber was für ein Vergnügen, sich gemütlich zurücklehnen und über das Verhalten der beiden interessanten Arten der Welt ausgiebig sinnieren zu dürfen – über Menschen und Hunde.

Vielleicht sind Sie der Meinung, dass angesichts unseres engen Verhältnisses zu Hunden schon alles niedergeschrieben wurde, was es irgendwie über Menschen und Hunde zu sagen gäbe. Sicherlich gibt es Hunderte (Tausende?) von Büchern über Hunde, etliche unseren vierbeinigen Freunden gewidmete Zeitschriften und wer weiß wie viele Internetseiten, auf denen flauschige Hundedecken und biologisches Welpenfutter angeboten werden. Und doch muss so vieles an unserer Beziehung zu Hunden noch entdeckt oder überhaupt erst bedacht werden. Die Biologen beginnen gerade erst zu erkennen, welchen Schatz an Informationen uns Hunde über die Auswirkungen der Genetik auf das Verhalten liefern können. Soziologen und Anthropologen haben noch viel über die tiefe Verbindung zwischen uns beiden, den Peter-Pan-Versionen von Schimpansen und Wölfen, zu entdecken. Selbst Beamte des öffentlichen Gesundheitswesens beginnen allmählich die Wichtigkeit der Beziehung zwischen Menschen und Hunden zu ermessen. Wenn Hunderte von Menschen in einem Hurrican sterben, weil sie sich weigern, ihre Hunde allein zu lassen, ist es sicher an der Zeit, diesem Thema Aufmerksamkeit zu schenken. Und selbst diejenigen von uns, die schon immer in Hunde vernarrt waren, haben noch viel über sie zu lernen. Nur weil man jemanden liebt heißt das noch lange nicht, dass man ihn auch versteht. Wenn Sie Eltern, einen Partner oder Kinder haben, wissen Sie vielleicht, was ich meine. Und was ist mit unserem eigenen Verhalten? Warum benehmen wir uns gegenüber Hunden so, wie wir es tun? Und das Wichtigste – wie kann ein besseres Verständnis vom Verhalten beider Spezies unsere Beziehungen verbessern?

Genau das ist es, worum es in diesem Buch geht. Ich habe meine wissenschaftliche Ausbildung in den Fächern Ethologie und Psychologie erhalten und empfinde es jetzt als das Schönste in meinem Leben, diese Sichtweisen auf meine beiden Lieblingsspezies anwenden zu können. Ethologen studieren Lebewesen in ihrer natürlichen Umgebung und fragen, wie die Genetik eines Individuums und die von ihm gemachten Umwelterfahrungen zusammen sein Verhalten beeinflussen. Früher konzentrierten sich mit dem Studium der Tierwelt befasste Psychologen auf das Lernen und arbeiteten Grundprinzipien des

Verhaltens heraus, die für alle Tiere gelten – einschließlich denen zu beiden Enden der Leine.

Wo wir gerade von den »beiden Enden der Leine« sprechen: Genau das war der Titel, unter dem die vorliegenden Essays ursprünglich in der Zeitschrift *The Bark* erschienen, denn die »natürliche Umgebung« beider fraglicher Arten – Hund und Mensch – ist in Gesellschaft des jeweils anderen. Die Geschichte der Menschheit oder die der Hunde ist einfach nicht vorstellbar, ohne das biologische Wunder der Verbindung zwischen uns beiden zu berücksichtigen. Hier stehen wir nun, zwei Arten, die ebenso gut miteinander konkurrieren könnten, die sich aber stattdessen verbündet haben – als Reisekameraden in dem Abenteuer, das wir Leben nennen. Trafen sich zwei.

Niemand hat es je besser ausgedrückt als Henry Beston in seinem Buch *The Outermost House:*

Denn das Tier soll nicht vom Menschen gemessen werden. Sie bewegen sich in einer Welt, die älter und vollkommener ist als die unsere, sind vollendet und vollkommen, mit einer Reichweite der Sinne beschenkt, die wir verloren oder noch nie erreicht haben und sie leben durch Stimmen, die wir niemals hören werden. Sie sind nicht unsere Geschwister und nicht unsere Untertanen: Sie sind andere Nationen, mit uns zusammen im Netz von Zeit und Leben gefangen, Mitgefangene der Pracht und der Mühe der Erde.

Meine Hunde liegen zu meinen Füßen, während ich dies hier schreibe. Lassie ist vierzehneinhalb, ein alternder Border Collie und immer noch so süß und sanft wie sahnige Butter. Willie, der junge, gerade zwei Jahre alt gewordene Border Collie schaut zum Fenster ... in Richtung der Scheune und der Schafe und hofft inständig, dass ich endlich damit aufhöre, die Tastatur zu hüten und stattdessen mit ihm hinausgehe, um einer ernsthaften Arbeit nachzugehen. Sie sind für mich Freunde auf eine Art, wie es kein Mensch je sein könnte, und ich feiere unsere Ähnlichkeiten genauso wie unsere Unterschiede. Dieses Buch ist für sie und für eine Welt, in der unser gegenseitiges Verstehen genauso groß sein möge wie unsere Liebe.

Neue Hunde

EIN HUND NAMENS HUND

Die Kunst, Ihrem Hund
einen Namen zu geben

Sein Name ist Baby«, sagte Helen, während sie den massiven schwarzen Kopf ihres Hundes streichelte. »Baby« wog rund dreißig Kilo, war sieben Jahre alt und hatte dreizehn Mal gebissen. Sein letzter Biss hatte Helen gegolten, als sie versucht hatte, ihn von einem Angriff auf ihren behinderten Sohn abzuhalten. Versteht sich, dass wir viel Gesprächsstoff hatten und eins der Themen war auch der Name des Hundes. Helen erklärte mir, dass Baby schon immer »ihr Baby« gewesen sei und dass sie stets alles in ihrer Macht Stehende tat, um ihn glücklich zu machen. Ich entgegnete so vorsichtig wie möglich, dass Baby eigentlich ja gar kein Baby mehr sei, sondern eher das Äquivalent eines fünfzigjährigen Mannes, der mietfrei in ihrem Haus lebt, ihr nicht bei der Hausarbeit hilft und auf Aufforderung jederzeit kostenlose Körpermassagen erhält. Halb im Scherz und halb im Ernst schlug ich ihr vor, sie solle den Namen ihres Hundes ändern und einen suchen, der besser zu seinem Alter und zu seiner Rolle in der Familie passte.

Genau das war der Punkt, an dem ich sie verlor. Sobald ich Babys Namensänderung erwähnte, verschloss sich Helens Gesicht wie ein Buch, das man
plötzlich zuklappt. Natürlich setzten wir das Gespräch über den Rest des
Beratungstermins fort, aber als ich wegfuhr, hatte ich das Gefühl, dass ich nie
wieder von ihr hören würde. So war es auch, obwohl ich sie noch zweimal
anrief und Nachrichten auf dem Anrufbeantworter hinterließ. Im Nachhinein
ist mir klar, dass ich damit hätte warten sollen, den Namen ihres Hundes
anzusprechen. Namen sind wichtig. So wichtig, dass Vicki Hearne ein ganzes
Buch namens *Adam's Task* über das Gewicht von Worten in unserer Beziehung zu Hunden geschrieben hat. Wie wir unsere Hunde nennen, hat etwas zu
bedeuten und kann bedeutende Folgen haben – sowohl für uns selbst als auch
für unsere Hunde.

Einer der Gründe dafür, warum Namen so wichtig sind, ist die Wirkung, die
sie auf uns ausüben, wenn wir sie aussprechen. Einen Rüden »Baby« zu nennen macht es schwierig, sich ihn als einen erwachsenen Hund vorzustellen
und leicht, sein Verhalten zu entschuldigen. Es gibt ihm »Welpenprivilegien«,
die schon längst ausgelaufen sein sollten. Und einen Rottweiler »Brutus« zu
nennen (wie es einer meiner Kunden getan hatte) überzeugt die Nachbarschaft nur schwerlich davon, dass Ihr Vierzig-Kilo-Rottie friedlich mit
Yorkies spielen wird. Namen rufen in uns Gefühle hervor, und diese Gefühle
beeinflussen unser Verhalten. Und weil unser Verhalten wiederum das Verhalten unserer Hunde und aller anderen um uns herum beeinflusst, kann ein
Name – ganz für sich genommen – eine überraschende Macht haben.

Von einem Namen hervorgerufene Gefühle können sogar dann eine tiefgreifende Wirkung haben, wenn Sie sich dessen gar nicht bewusst sind. Unser
Verhalten wird zu einem erheblichen Teil vom Unbewussten gesteuert –
schauen Sie nur einmal die Forschungsergebnisse des Psychologen John
Bargh an: Er fand heraus, dass Menschen langsamer gehen, wenn man sie bittet, Wortspiele mit Sätzen zu machen, in denen Hinweise auf Alter vorkommen (wie zum Beispiel die Worte »faltig« oder »bingo«). Ob Sie es glauben
oder nicht: Wenn Sie Georgia heißen, suchen Sie Ihren Wohnort mit höherer
Wahrscheinlichkeit im Staat Georgia als im Staat Virginia und umgekehrt.
(Um den Kolumnisten Dave Berry zu zitieren, dies ist nicht auf meinem Mist
gewachsen.) Und nach Meinung des Psychologen David Myers werden sogar
die beruflichen Karrieren von Menschen durch deren Namen beeinflusst, wie

er in seinem Buch *Social Psychology* schreibt. Geologen und Geophysiker heißen öfter Georg, als statistisch vorhersagbar wäre, und wenn Sie Dennis oder Denise heißen, werden Sie mit höherer Wahrscheinlichkeit Dentaltechniker, als wenn Sie Tom oder Beverly hießen. Spannende Sache, oder?

Und nun denken Sie noch einmal darüber nach, welche Auswirkungen es hat, wenn Sie Ihren Hund »Baby« oder »Brutus« nennen. Sie sagen den Namen Ihres Hundes oft, und die oben zitierten Forschungsergebnisse legen nah, dass diese Wiederholung einen Effekt haben wird. Das Gute dabei ist, dass dieser Effekt ebenso leicht gut wie schlecht sein kann. Ich mag Frühlingstulpen fast so gerne wie Schokolade (OK, nicht ganz), und meinen riesigen weißen Flockenball von Pyrenäenberghündin »Tulip« zu nennen war eine der besten Ideen, die ich je hatte. Allein ihren Namen laut auszusprechen – »Twooooo-lip« – bringt mich immer noch zum Lächeln. So sind meine Zuneigung zu ihr und zu Tulpen in einem fröhlichen Mix aus klassischer Konditionierung auf die beste nur denkbare Weise miteinander verwoben. Ganz gewiss war sich Tulip, bewusst oder unbewusst, darüber im Klaren, dass ihr Name und damit sie selbst mich glücklich machte – was für ein wunderbarer Start einer Beziehung!

Eine meiner Freundinnen denkt im gleichen Zuge gerade darüber nach, ihren neuen Hund »Sparkle« – »Fünkchen« – zu nennen. Nachdem sie im letzten Jahr gleich vier geliebte Haustiere verloren hat, ist sie mehr als reif dafür, wieder eine tägliche Dosis Licht und Freude in ihr Leben zu lassen.

Wenn wir nun das untere Ende der Leine betrachten, hat der Name Ihres Hundes noch eine andere und direktere Auswirkung auf sein Verhalten. Die Struktur eines Tons – ob er aus weichen Vokalen oder harten Konsonanten besteht zum Beispiel – hat einen Einfluss darauf, wie Ihr Hund reagiert. Die meisten von uns rufen ihre Hunde beim Namen, weil wir deren Aufmerksamkeit möchten – was letzten Endes genau das Gleiche ist, wie wir Namen auch in der zwischenmenschlichen Kommunikation einsetzen. Egal, ob der Angesprochene Hund oder Mensch ist, »Paula« bedeutet: »Paula, pass bitte mal kurz auf. Ich würde gerne mit dir kommunizieren.«

Deshalb ist es hilfreich zu wissen, dass verschiedene Arten von Tönen verschieden gut die Aufmerksamkeit Ihres Hundes wecken. Wenn Sie die Akustik gesprochener Sprache analysieren, stellen Sie fest, dass das Aussprechen harter Konsonanten wie »k«, »p« und »d« sogenannte »Breitband-Geräusche« hervorbringt, die über einen breiten Frequenzbereich hinweg viel Energie besitzen. Wenn Sie das Bild des Wortes »Kip« betrachten würden, sähen Sie eine senkrechte Impulsspitze (das Breitband) für das »k« und eine zweite für das »p«. Diese Art von Tönen ist gut dazu geeignet, die Aufmerksamkeit Ihres Hundes zu erregen, weil sie mehr akustische Rezeptorneuronen (Empfängerzellen für Geräusche) im Gehirn reizen als es flachere Töne tun, die durch Vokale und weiche Konsonanten entstehen. (Das ist übrigens auch einer der Gründe, warum Clicker so gut funktionieren – viele Breitbandtöne).

Wenn Sie also die Aufmerksamkeit Ihres Hundes möchten, bekommen Sie diese eher mit dem Namen »Kip« als mit beispielsweise »Gwen«. Natürlich kann man einen Hund dazu trainieren, auf jedes beliebige Geräusch zu reagieren, wenn man ihn nur gut genug konditioniert – wenn Sie Ihren Hund also gerne Gwen nennen möchten, dann nur zu! Trotzdem ist es gut (und das besonders auf Wettbewerben), wenn man sich der Auswirkungen von Tönen und Geräuschen auf das Verhalten des Hundes bewusst ist. Kurze Namen mit vielen harten Konsonanten sind prima für alle, die mit ihren Hunden in aktionsreichen, schnellen Disziplinen wie Agility oder an Schafen arbeiten. Die Vorteile eines kurzen Namens liegen auf der Hand: Schnelligkeit (sicher möchten Sie nicht »Gwennnn-de-lynnnnn« singen müssen, wenn Sie innerhalb einer Zehntelsekunde eine Reaktion Ihres Hundes brauchen) und Fokus (die Konsonanten zu beiden Enden eines Namens wie Kip helfen mit, den Hund aufmerksam zu erhalten). Und tatsächlich heißen so viele an Schafen arbeitende Border Collies »Hope«, »Jed« oder »Drift«, dass Unterhaltungen über die Abstammung mancher Hunde gelegentlich ganz schön verwirrend werden können. »Ist Ihre neue kleine Hündin mit Hope von Knox verwandt?« »Nein, sie stammt von McGregor's Hope und Jed.« »Dem Jed von Glynn-Jones?« »Nein, ich meine den Jed von ...« und so weiter und so fort. Ich habe einmal gewitzelt, dass auf 100 Hundeführer in diesem Sport nur 20 Hundenamen kommen.

Dabei muss ich aber gleich dazu sagen, dass zweisilbige Namen irgendetwas Angenehmes an sich haben – »Pixie«, »Tulip« oder »Sparkle« gehen auf eine Art und Weise über die Zunge, die sich einfach gut anfühlt. Ich habe mich auch schon gefragt, ob zweisilbige Namen in manchen Fällen helfen könnten, den Hund aufmerksam zu machen – und zwar deshalb, weil die erste Silbe als »Zünder« für die zweite fungiert. Die praktischsten Namen sind vermutlich diejenigen, die sehr variabel sind. Der Hund meines Lebens hieß Luke und sein Signal für das Herankommen war sein doppelt gesagter Name: »Luke Luke!« Wenn wir zusammen an Schafen arbeiteten und unter Druck standen, schmetterte ich »LUKE!«, um ihn wieder auf mich aufmerksam zu machen. Und wenn er in ruhigeren Zeiten etwas Dummes tat, fragte ich gedehnt und mit ansteigender Stimme »Luuuuuuukas, was machst du da?«

Lukes Name bringt mich auf eine weitere Sache, die Sie bedenken sollten, wenn Sie einen Namen für Ihren Hund suchen (und ja, natürlich können Sie den Namen Ihres Hundes ändern, wenn Ihnen der vom Züchter oder Vorbesitzer gegebene nicht gefällt!). Ich hatte Lukes Tochter »Lassie« genannt – nicht wegen des Klangs dieses Namens, sondern weil ihre Vorbesitzer ihr Potenzial nicht erkannt und es versäumt hatten, sie zu einem so gehorsamen Hund wie den Fernsehstar gleichen Namens zu machen. Aber nun hören Sie sich an, welche Folgen die Wahl dieses Namens hatte und sprechen Sie beide Namen laut aus: Luke. Lassie. Ich hatte zwei im gleichen Haus lebenden Hunden Namen gegeben, die mit dem gleichen Buchstaben begannen. So gut ich auch in Zukunft versuchte, die Sache deutlich zu machen, war dies doch für beide Hunde ein wenig verwirrend. Sie können sich davon sehr schön auf meiner DVD *Feeling Outnumbered* überzeugen, als ich meinen Hunden vor der Kofferraumtür des Autos »Warte« befehle und dann Lassie freigebe, indem ich ihren Namen sage. Wenn Sie genau hinschauen, können Sie sehen, wie Luke sich nach vorn zu bewegen beginnt, als er das »L-« hört und sich dann selbst berichtigt, wenn der Rest des Namens seiner Tochter gesagt wird. Luke und Lassie waren so zugänglich und gehorsam, dass mein Fehler kaum etwas ausmachte, aber behalten Sie diesen Faktor im Hinterkopf, wenn Sie einem Hund einen Namen geben. Ich jedenfalls werde es beim nächsten Mal bestimmt tun. Mit uns Menschen zusammenzuleben ist für Hunde schon verwirrend genug, warum sollten wir es ihnen noch unnötig schwerer machen?

Alles in allem gibt es in Sachen Hundenamen also einige Faktoren, die es wert sind, dass man einmal über sie nachdenkt. Es ist gut, über sie alle informiert zu sein, aber ich gebe zu: Wenn es hart auf hart kommt, würde ich mich immer eher für denjenigen Namen entscheiden, der am besten zur Persönlichkeit meines Hundes passt und mich beim Aussprechen fröhlich stimmt als einen, der die »richtige« Akustik hat. Es ist prima, wenn man sich all der Möglichkeiten bewusst ist, wie ein Name das Verhalten eines Hundes beeinflussen kann, aber letzten Endes ist es doch so: Der Hund wird sich so oder so in Kuhfladen wälzen.

Solo

Was jeder Welpe von Beginn an braucht

Ich wartete weiter auf den nächsten. Pip hatte immer fünf Welpen gehabt, und auch wenn der in meine Arme gekuschelte neugeborene Welpe riesengroß war, so konnte er doch unmöglich der einzige des Wurfes sein. Also lief ich im Zimmer auf und ab. Ich streichelte Pips Bauch, während sie ruhig dalag. Pip seufzte. Ich bettelte und flehte. Pip schlief.

Für mich war das eine Krise, und zwar nicht etwa deshalb, weil ich eine lange Warteliste von Welpenkäufern gehabt hätte. Es fühlte sich für mich deshalb krisenhaft an, weil so viele der Problemhunde, mit denen ich in meinen Sprechstunden zu tun habe, Einzelwelpen gewesen waren. Sie waren die Hunde, die knurren oder schnappen, wenn man sie anfasst, die hysterisch werden, wenn sie nicht bekommen, was sie wollen und die auf Ihr Gesicht losgehen, wenn Sie sie hochzunehmen versuchen. Wir können zwar nicht mit Sicherheit sagen, dass ein Aufwachsen als Einzelwelpe später bei manchen Hunden zu gravierenden Problemen führt, aber wir haben guten Grund, in dieser Hinsicht argwöhnisch zu sein. Tierverhaltensexperten werden offenbar mit einer überproportional hohen Zahl von Einzelwelpen mit schweren Verhaltensproblemen konfrontiert. Und deshalb war ich krank vor Sorge um meinen eigenen Solo. Würde mich in zehn Monaten irgendeine liebenswerte, nette Familie anrufen und mir sagen, dass der von mir gezüchtete Welpe gerade ihr Kind ins Gesicht gebissen hatte? Ein paar Stunden lang an diesem Morgen lief ich ruhelos wie eine werdende Mutter umher, hoffte wider alle Vernunft auf mehr Welpen, drückte den neugeborenen Welpen an mich und versuchte zu entscheiden, was ich tun würde, wenn meine Befürchtungen tatsächlich wahr werden sollten. Ich dachte angesichts der vielen Schwierigkeiten, die ich bei Einzelwelpen schon gesehen hatte, sogar über das Einschläfern nach. (Nur für den Fall, dass Sie sich einmal in einer ähnlichen Situation wiederfinden sollten: Lassen Sie sich sagen, dass das Ansich-Drücken eines gesunden, neugeborenen Welpen und das gleichzeitige Nachdenken über Einschläfern nicht der Weg zu einer objektiven Entscheidung ist.) Ich war in mütterlichen Hormonen gebadet und es fehlte nur noch, dass ich Milch gab. Ich hätte dieses kleine neue Leben ebenso wenig wegen irgendetwas einschläfern können wie ich mir einen eigenen Finger hätte abschneiden können.

Nach ein paar Stunden des Umherwanderns und Sorgenmachens bestätigte der Tierarzt meine Befürchtungen. »Solo« war genau das, das einzige Mitglied eines Einer-Wurfes. Unwissenheit ist ein Segen, sagt man, und damals tat es mir wirklich leid, dass ich diesen Segen nicht genoss. Ich wusste viel zu viel über die Bedeutung der Frühentwicklung um mir keine Sorgen zu machen. Heute bin ich darüber froh, denn kurzfristige, friedvolle Unwissenheit kann langfristig zu ernsten Problemen führen, und das nicht nur für Einzelwelpen. Einzelwelpen sind nur eine Unterkategorie eines wesentlich größeren Problems: Welpen, die ohne die normale Menge an Stimulation aufwachsen – sei es die Stimulation durch Wurfgeschwister, die Mutter oder die Umgebung. Ich werde in Kürze auf Solos speziellen Fall zurückkommen, möchte aber zuvor noch ein wenig über das Thema Frühentwicklung im Allgemeinen sprechen. Es ist deshalb so wichtig, weil die tiefgreifenden Auswirkungen früher, während der ersten Lebenswochen gemachter Erfahrungen tragischerweise den meisten Menschen nicht bekannt sind und Millionen von Hunden genau deshalb leiden.

Vor ein paar Jahren wurde ich einmal von einem Fernsehsender gebeten, eine so bezeichnete »kommerzielle Hundezuchtanlage« zu besuchen. Sie und ich hätten es »Welpenfabrik« genannt. Es hätte schlimmer sein können, auch wenn das nicht viel aussagt. Jeder Hund lebte zusammen mit vier anderen in einem relativ großen Auslauf, in dem sich alle bewegen und miteinander interagieren konnten. Aber der Raum, in dem die Zuchthündinnen gehalten wurden, hätte Ihr Herz gebrochen. Jede Hündin mit einem Wurf war in einem hängenden, kleinen Drahtkäfig untergebracht, in dem sie und die Welpen fünf bis sieben Wochen lang lebten. Während dieser ganzen Zeit kamen die Mütter niemals aus ihren winzigen Käfigen heraus, nicht, um einmal ihre Beine aus-zustrecken, einmal frische Luft zu atmen oder um einmal von ihren Kindern wegzukommen, wovon jede Mutter ein Lied singen kann. Aber die Welpen ... oh, die Welpen. Sie wurden und werden zu Hunderten und Tausenden jedes Jahr an Zoofachgeschäfte verkauft, sodass unwissende Käufer vorgeschädig-te Tiere mit nach Hause nehmen, die keinen schlechteren Start ins Leben hät-ten haben können.

Schlimm genug, dass alle Welpen lernen, Kot und Urin dort abzusetzen, wo sie leben und dass ihre einzigen Spielsachen ihre eigenen Fäkalien sind. Das allein kann ihre künftigen Besitzer zu einem Leben erfolgloser Stubenrein-heits-Erziehung verdammen, ist aber nur eins der möglichen Probleme. Das schlimmste Problem hat mit einem biologischen Phänomen zu tun, das jeder Welpenverkäufer kennen muss. Es ist ganz einfach – ehrlich: Die Gehirne von Welpen sind bei deren Geburt noch nicht vollständig entwickelt, und was in den ersten Lebenswochen geschieht, beeinflusst, wie die erwachsenen Gehirne strukturiert sein werden. Welpen (und übrigens auch menschliche Kinder), die in einer sterilen Umgebung aufwachsen, haben Gehirne mit rela-tiv wenigen Verbindungen zwischen den Gehirnzellen. Welpen, die in ab-wechslungsreichen Umgebungen mit vielen sensorischen Reizen aufwach-sen, entwickeln sich dagegen zu Erwachsenen mit einem wahren Spinnennetz an Verbindungen zwischen den Neuronen. Diese »dendritische Zweige« genannten Verbindungen werden früh im Leben gebildet und beeinflussen, wie viele Gehirnzellen tatsächlich später gebraucht werden.

Dabei stellt sich heraus, dass Tiere mit dem dichtesten Geflecht neuraler Verbindungen sich erheblich besser schlagen. »Steril aufgewachsene« Tiere kommen nicht so gut mit Stressbelastungen zurecht, und seien sie so schwa-cher Natur wie die Begegnung mit unbekannten Individuen, das Anpassen an eine neue Umgebung oder das Lösen neuartiger Probleme. Welpen, deren

Leben in einem sechzig mal neunzig Zentimeter messenden Drahtkäfig beginnt, werden nicht gerade mit einer Vielzahl sensorischer Reize überschüttet. Damit sind sie von Beginn an behindert und werden von Kräften, die außerhalb ihrer Kontrolle liegen, zu Individuen mit strukturell schwachen Gehirnen geformt. Das heißt nicht, dass jeder aus einer solchen Welpenfabrik oder aus einer Tierhandlung stammende Welpe zu einem Leben voller Neurosen verurteilt ist. Hundeverhalten ist ein kompliziertes und vielschichtiges Phänomen und es gibt immer Individuen, die selbst nach dem düstersten Beginn noch zu strahlen in der Lage sind. Viele aber können einen solchen armseligen Start nicht mehr wettmachen und leiden zusammen mit ihren Besitzern etliche künftige Jahre darunter.

Die Tragödie der Welpenfabriken ist vielen von uns bestens bekannt, und doch bin ich immer wieder geschockt, wie erfolgreich diese Einrichtungen sind. Weniger bekannt ist, dass nicht nur Welpen aus Welpenfabriken wegen mangelnder Sinnesreizerfahrungen in der Frühentwicklungsphase leiden. Unser typisch amerikanischer Reinlichkeitswahn und unsere Ignoranz gegenüber den Folgen einer sterilen Umwelt haben auch zahllosen anderen Welpen Schäden zugefügt. Ich hatte schon mit Hunden bekannter, »verantwortungsvoller« Züchter zu tun, die ihre Welpen in makelloser Sauberkeit und äußerstem Ausschluss jeglicher Umweltreize aufgezogen hatten. Ich behaupte nicht etwa, dass Reinlichkeit keine Tugend wäre, denn das ist sie ganz gewiss. Aber eine Umwelt ist nicht nur einfach »sauber« oder »schmutzig«. Sie hat keinen digital bestimmbaren »Ja/nein«-Faktor. Zwischen extrem dreckig und chirurgisch steril gibt es eine große Breite an Abstufungen, und im Fall gesunder Welpen hatten auf jeden Fall die alten Griechen recht: »Alles in Maßen.«

In blitzblank sauberen Zwingern aufgezogene Welpen, die nie auf etwas anderem gelaufen sind als auf Beton, bekommen keinen so guten Start ins Leben wie Welpen, die auch auf Gras, Kies, Teppich oder Pflastersteinen umhergetollt sind. Ab einem Alter von drei Wochen müssen Welpen Veränderungen erleben können: das Gefühl verschiedener Untergründe unter ihren Pfoten, die Geräusche von Fernsehern, singenden Vögeln, kreischenden Kindern oder grollendem Donner. Sie müssen Menschen aller möglichen Varianten treffen: große und kleine, alte und junge, dunkle und helle und solche mit riesigen Schlapphüten.

Das Fehlen einer abwechslungsreichen Umwelt ist ein überraschend häufiges Problem. Die meisten Menschen wissen, dass Hunde während der für ihre soziale Entwicklung wichtigen sensitiven Phase im Alter zwischen fünf und zwölf Wochen »sozialisiert« werden müssen. Weit wenigeren ist jedoch bewusst, dass Welpen schon lange vor ihrer Abgabe in ein neues Zuhause während der ersten Lebenswochen eine komplexe, sich verändernde Umgebung benötigen, um sich zu ihrem Bestmöglichen zu entwickeln. Mir bricht es immer wieder das Herz, wenn ich diese Hunde sehe – die in Beton- und Maschendrahtzwingern aufgezogenen, die nur wenig Gelegenheit hatten, ihr Gehirn sich strecken und wachsen zu lassen und die nicht das bekamen, was sie brauchten, als sie es brauchten. Man kann ihnen zwar helfen, aber man kann die Zeit nicht bis zu dieser entscheidenden, speziellen Lebensphase zurückdrehen, als ihre Gehirne bereit waren und darauf warteten, mit Veränderungen umgehen zu lernen.

Ich möchte dies aber auch nicht allzu stark vereinfachen. Es ist absolut richtig, dass ein Risiko zur Übertragung von Krankheiten entsteht, wenn man Welpen mit vielen Menschen in Kontakt bringt, sie mit vier Wochen auf einer Wiese herumtollen lässt und mit sechs Wochen Autoausflüge mit ihnen macht. Es ist auch richtig, dass man des Guten zu viel tun kann. Reizüberflutung im frühen Alter kann auch ein Schuss nach hinten sein und dem Welpen letzten Endes schaden. Die meisten Verhaltensexperten sind sich einig, dass in dieser Sache ein Kompromiss die beste Vorgehensweise ist. Nie würde ich einen fünf Wochen alten Welpen auf eine gut besuchte Hundespielwiese mitnehmen, auf der es möglicherweise von Parvoviren und Parasiten nur so wimmelt, ganz zu schweigen von dem Problem, dass der Welpe von den anderen Hunden überrannt werden könnte. Hingegen würde ich ihn sofort in den Rasen- und Kiesgarten meiner Bekannten mitnehmen und ihn ihren freundlichen, geimpften, Welpen liebenden Cocker Spaniel kennenlernen lassen. Ich würde ihn im Auto zum Drive-in Schalter eines Restaurants mitnehmen, wo er lernen kann, fremde Menschen zu mögen, weil diese ihm Leckerchen geben. Und ich nahm Solo im Alter von viereinhalb Wochen mit den Hügel hinauf, wo er über hohes Gras stolperte und sich mit seinen kleinen dicken Beinchen anstrengen musste, um mit fünf erwachsenen Hunden mitzuhalten, wo er an Erdhörnchenlöchern schnüffeln, Schafsköttel fressen und Gott weiß was noch tun konnte, während sein Gehirn den Reichtum erdiger Gerüche, des Vogelzwitscherns und Feldmausdufts verarbeitete.

Solo hatte es mit einer anderen Art von Mangel an Umwelterfahrungen zu tun als in steriler Umgebung aufgezogene Welpen, aber wie bei allen anderen Hunden war auch bei ihm entscheidend für sein späteres Glück, was in den ersten Wochen seines Lebens geschah. Ich bin unendlich dankbar dafür, dass mit Solo alles gut ging – er ist heute der gesunde, gut angepasste Hund einer Dame, die ihn abgöttisch liebt. Ich weiß nicht genau, warum er sich so gut macht, aber ich weiß, dass ich eine Reihe von Dingen ausprobiert habe, um genau die Art von Problemen zu vermeiden, die ich so oft in meiner Beratungspraxis sehe. Viele Einzelwelpen hatten stets die beiden gleichen Hauptverhaltensprobleme: Mangel an Frustrationstoleranz und eine aggressive Reaktion auf plötzliche, überraschende Berührungen. Als ich so am Morgen von Solos Geburt rastlos durch den Raum wanderte und nachdachte, erschienen mir diese Probleme logisch. Einzelwelpen entwickeln sich ohne die ständige körperliche Stimulation durch Wurfgeschwister und ohne die frustrierende Erfahrung, um den eigenen Platz an Mamas Milchbar kämpfen zu müssen.

Wer schon einmal einen Wurf aufgezogen hat weiß, dass die Essenszeit ab dem ersten Tag nicht nur eitel Sonnenschein ist. Die Welpen strampeln, rudern, kratzen und quäken, um eine Zitze zu finden und werden dabei nur zu oft von einem drängelnden Geschwister weggeschubst, der auch eine für sich erobern möchte. Einzelwelpen dagegen haben alles für sich alleine. Sie haben pausenlosen Zugang zu einem echten Schlaraffenland an Nahrung, das ihnen aus acht oder zehn Zitzen – zählen Sie mal! – jederzeit nach Belieben zur Verfügung steht. Folglich, so erklärte ich es mir, zeigen Einzelwelpen deshalb diese Überreaktion auf Berührungen, weil sie in ihrer Frühentwicklung so wenig Berührung erleben und können deshalb so schlecht mit Frustration umgehen, weil sie niemals welche durch den Umgang mit Wurfgeschwistern in der entscheidenden Entwicklungsphase erfahren haben.

Mit dieser Erkenntnis im Hinterkopf fasste ich Solo so oft an, wie es ging. Ich berührte ihn, wenn er schlief oder schubste ihn sanft auf den Rücken, wenn er auf der Seite lag. Und außerdem quälte ich ihn – so jedenfalls fühlte es sich für mich an. Ich kaufte ein Plüschtier in der Größe eines Welpen und wartete fünf Mal täglich, bis Solo nach Milch zu suchen begann. Dann kam mein Ersatz-Wurfgeschwister zum Einsatz und schubste ihn weg. Manchmal wartete ich ab, bis er gerade seine Zunge um die Zitze gewickelt und den ersten Schluck Milch genommen hatte und drängte ihn dann ab. Er beschwerte sich und quiekte, während ich mich stumm bei ihm entschuldigte und Pip sich leicht verwirrt zu mir umsah. Solo krabbelte seinen Weg zurück und wurde letztlich für seine Ausdauer belohnt.

Es schien zu funktionieren. Solo zeigt heute nicht mehr Frustrationsintoleranz als jeder andere Hund auch, seit ich ihn zuletzt gesehen habe und scheint ein gut angepasstes Wesen zu sein. Im Alter von fünf Wochen hatte er einmal geknurrt, als ich ihn hochhob und mir sank der Mut in der Sorge, dass meine schlimmsten Befürchtungen nun wahr werden würden. Aber er reagierte wunderbar auf klassische Gegenkonditionierung – ich berührte ihn einfach nur leicht und gab ihm dann sofort ein Leckerchen, ließ meine Berührungen stufenweise immer fester werden und hob ihn irgendwann ganz hoch, bevor er sein Leckerchen bekam. Vier Wochen später konnte er es kaum abwarten, angefasst zu werden und ich gab ihn letzten Endes an eine alleinstehende Dame ab, die mir als die perfekte Besitzerin für ihn erschien. Seitdem sind die beiden die dicksten Freunde, die man sich denken kann.

Dicke Freunde sein – genau das ist es, worum sich alles dreht. Unsere Hunde brauchen von uns, was gute Freunde tun. Wir müssen für sie einstehen, uns für ihre Erziehung und Bildung stark machen und für die normale, gesunde Entwicklung jedes einzelnen kleinen Welpen kämpfen, der auf die Welt kommt. Welpenfabriken und auch einige hundeliebe, erfahrene Züchter müssen verstehen und einsehen, dass die ersten Wochen den Unterschied zwischen einem guten und einem schwierigen Leben bedeuten können. Also los, geben Sie Ihrem Hund einen Kuss, rufen Sie dann die Tierhandlung in Ihrer Nähe an und bitten sie, keine Welpen (oder Kätzchen) mehr zu verkaufen. Finden Sie heraus, ob es in Ihrer Umgebung eine Welpenfabrik gibt und machen Sie das bekannt. Ihr eigener Hund mag Bio-Hähnchenfleisch und Akupunktur bekommen, aber Millionen von Hunden in diesem Land bleibt die Erfüllung ihrer elementarsten Bedürfnisse versagt – mit bleibenden Folgen. Wenn Sie so ähnlich gestrickt sind wie ich, besteht eins Ihrer elementarsten Bedürfnisse zum Glücklichsein darin, Zeit mit einem Hund zu verbringen. Und auch die Hunde brauchen uns, gerade jetzt in diesem Moment. Unsere Hunde lassen uns nicht allzu oft im Stich – wäre es nicht schön, wenn wir das Gleiche auch von unserer Spezies behaupten könnten?

DER HUND AUS DEM TIERHEIM

Wie Sie die Chance auf eine
gute Wahl verbessern

In zwei Teile zerbissen!« sagte er. »Glatt DURCH!« Der Mann am Telefon erklärte mir gerade, warum er einen Hund namens Lassie ins Tierheim zurückgebracht hatte. Er hatte sie am Donnerstagabend mit zu sich nach Hause genommen, nachdem er sich in ihr geschecktes Fell und den schwarzen Fleck um ein Auge herum verguckt hatte. Nun war es Freitag und er kam gerade wieder vom Tierheim zurück. »Sie war so lieb«, sagte er, »aber als ich zur Arbeit fuhr und sie allein in meinem Schlafzimmer ließ, pinkelte sie auf den Teppich und kaute meinen Gürtel in Stücke. Ich musste sie zurückbringen, damit kann ich nicht leben.«

Lassie liegt gerade zusammengerollt zu meinen Füßen, während ich dies hier schreibe. Ein Glück für mich, dass ich sie zwei Tage später bekam – eine einjährige Border Collie Hündin, so süß wie ein Schokopralinchen und mit einem Gemüt so solide wie griechischer Marmor. Es gibt keinen lebenden Hund auf der Welt, der nicht zum Beißen fähig ist, aber die Wahrscheinlichkeit, dass Lassie je einen Menschen beißen wird, ist mikroskopisch klein. Sie ist nun seit vierzehn Jahren bei mir, und falls ich je nochmals einen so gutartigen Hund wie sie bekommen sollte, habe ich das vermutlich nicht verdient. Sie ist einfach der liebste, gehorsamste und am leichtesten zu erziehende Hund, mit dem ich je zu tun hatte. Sie ist fantastisch in der Hütearbeit mit den Schafen, liebt kreischende Kinder und tut so ziemlich alles, was ich von ihr verlange. Zuerst tat mir der Mann ein wenig leid, der sie zurückgebracht hatte, aber ich bin darüber hinweg. Sein Unvermögen, einen Tierheimhund richtig einzuschätzen, hat mir den Hund meiner Träume beschert.

Wie jeder, der zum Aussuchen eines Hundes ins Tierheim geht, hatte auch Lassies potenzieller Besitzer eine Entscheidung zu treffen. Ausgehend davon, was er in der begrenzten ihm zur Verfügung stehenden Zeit sehen konnte, traf er eine Entscheidung darüber, wer Lassie war und ob sie in sein Leben passen könnte. Wie die meisten Hundefreunde wusste er nicht, welche Aspekte ihres Verhaltens unveränderlich waren und welche auf Training und Konditionierung ansprechen könnten. Man kann ihm kaum die Schuld geben – auch Verhaltensexperten und Hundetrainer sind sich nicht immer sicher.

Die für Profis wie für künftige Besitzer gleichermaßen wichtige Frage lautet, wie man aufgrund des Verhaltens eines Hundes in einer bestimmten Umgebung sein Verhalten in einer anderen Umgebung vorhersagen kann. Wesenstests an Tierheimhunden sind in der Hundewelt zu einem kontrovers diskutierten Thema geworden, was auch verständlich ist. Die Messlatte liegt hoch und unsere Kenntnisse sind begrenzt. Was nicht bedeutet, dass keine gewaltigen Fortschritte erzielt worden wären. Vorreiter auf diesem Gebiet wie Sue Sternberg und Emily Weiss verdienen unsere uneingeschränkte Dankbarkeit für ihre Entwicklung eines standardisierten Wesenstests für Tierheimhunde. Wir sind einen weiten Weg gegangen, aber das heißt noch nicht, dass wir angekommen sind.

Was also soll ein Hundebesitzer in spe tun? Wir erfahren zwar immer mehr über den Einfluss der Genetik auf das Verhalten, aber im Tierheim genießt man nun einmal leider nicht den Luxus, die Eltern seines möglichen künftigen Hundes begutachten zu können. Wie soll man entscheiden, ob man diesen wehmütig blickenden Tierheimhund mit nach Hause nehmen soll oder nicht? Es ist mir zwar unmöglich, dieses komplizierte Thema in einem einzigen Essay erschöpfend abzuhandeln, aber ich möchte Ihnen einige Gedankenanstöße liefern, die Ihnen auch dann helfen sollen, einen für Sie passenden Hund auszusuchen, wenn Sie nichts über die Verwandten dieses Hundes wissen.

Als Erstes ist eine Realitätsprüfung angesagt. Man kann das Verhalten eines Hundes in einem bestimmten Kontext unmöglich genau vorhersagen, wenn man sein Verhalten in einem anderen Kontext überprüft. Punkt. Satzende. Unmöglich. Der Hund, den Sie im Tierheim sehen, ist nicht notwendigerweise der Hund, den Sie sehen, nachdem er seine Pfoten auf den Boden Ihres Hauses gesetzt hat. Zwar geben viele Menschen zu eben dieser Tatsache ein Lippenbekenntnis ab, aber nur wenige verstehen sie wirklich. Es ist einfach nicht immer möglich, vorherzusagen, wie der eine oder andere Hund sich verhalten wird, wenn er das Tierheim erst einmal verlassen hat, und es wird auch trotz aller noch so ausgefeilter Wesenstests niemals möglich sein. Ich habe Hunderte von Hunden in meiner Beratung gehabt, die alle zuckersüß waren – bis sie mit einer bestimmten Situation konfrontiert wurden, sei es das Kind auf einem Skateboard oder der Sheltie auf der anderen Straßenseite. Nie hätten Sie dieses aggressive Verhalten vorhergesagt, wenn Sie es nicht mit eigenen Augen gesehen hätten.

Natürlich gibt es viele Hunde, deren Verhalten schon auf weitere Probleme schließen lässt und sogar manche, die sich immer gleich verhalten, egal wo sie sich befinden oder was sie tun. Viel zahlreicher sind aber die Hunde, deren Verhalten variiert – die zum Beispiel still und schweigsam im Tierheim sitzen, aber fröhlich und pausenlos bellen, nachdem sie erst einige Wochen in Ihrem Schlafzimmer geschlafen haben. Das sollte eigentlich nicht weiter überraschen, da es bei unserer eigenen Spezies genauso ist. Nach ein paar Drinks in einer flotten Bar kennen Sie so manchen Mitmenschen nicht unbedingt wieder, oder?

Wir können nicht einerseits von unseren Hunden erwarten, dass sie komplexe, denkende und fühlende Familienmitglieder sein und sich andererseits wie unflexible Maschinen verhalten sollen. Deshalb sind Tierheimangestellte und künftige Hundebesitzer gut beraten, eine Anleihe aus dem wissenschaftlichen Denken zu nehmen und das künftige Verhalten eines Hundes wie eine Aussage zur Wahrscheinlichkeit zu betrachten. Gute Verhaltensexperten gehen immer so vor, denn eine Vorhersage von Hundeverhalten ist wie eine Wettervorhersage. Sie können bestenfalls eine Aussage dazu treffen, was auf Grundlage der Ihnen zur Verfügung stehenden Informationen am wahrscheinlichsten später passieren wird. Es gibt einfach zu viele Faktoren, die das Wetter beeinflussen, um guten Gewissens Garantievorhersagen geben zu können. Und so machen sich die Ansager im Wetterbericht und die Meteorologen nicht sehr viel aus der Tatsache, dass ihre Vorhersagen nicht an jedem Tag des Jahres exakt zutreffen. Sie wissen, dass das nicht möglich wäre. Falls Sie sich gewohnheitsmäßig über die Ungenauigkeit von Wettervorhersagen beklagen, sollten Sie vielleicht Ihr Verständnis von einer Wahrscheinlichkeitsaussage noch einmal einer kritischen Überprüfung unterziehen.

Die daraus zu ziehenden Schlussfolgerungen für Tierheime und künftige Hundebesitzer sind simpel. Tierheime sollten Hunde stets für gewisse Probezeiten abgeben und diejenigen wieder mit offenen Armen zurückempfangen, bei denen es im neuen Heim nicht funktioniert hat. Natürlich ist der Hund im Idealfall zuvor geprüft worden und geht nur an solche neuen Besitzer, die nach allem Ermessen gut zu ihm zu passen scheinen, aber trotzdem sollten wir immer auf so etwas wie ein überraschend aufziehendes Gewitter gefasst sein. Es ist weder liebe- noch verantwortungsvoll, wenn Sie einen Tierheimhund behalten, der Angst vor Ihrem vierjährigen Kind hat oder Ihren dreizehn Jahre alten Ersthund zu terrorisieren beginnt. Und es ist keine gute Tierheimführung, wenn ein Hund nach der Vermittlung nicht wieder zurückgenommen wird. (Sie werden überrascht sein, in wie vielen Teilen der USA dies leider gängige Praxis ist.)

Ich sage nicht, einen Hund zurückzugeben wäre einfach, aber es hat ja auch niemand gesagt, es wäre einfach, das Richtige zu tun. Ideal wäre es, wenn die Tierheime gewillte »Adoptiveltern« dazu beraten würden, welche Probleme leicht behoben werden können (wie zum Beispiel das Zerbeißen von Ledergürteln) und welche Probleme bedeuten könnten, dass der Hund besser in einer anderen Familie aufgehoben sein könnte (wie zum Beispiel das Anknurren der Kinder).

Ich kann mir vorstellen, dass manche Leser jetzt vielleicht denken, ich würde ihnen von einem Hund aus dem Tierheim abraten wollen. Weit gefehlt. Ich befürworte es sogar sehr. Die drei besten Orte, um einen Hund zu finden, sind Tierheime, Vermittlungsorganisationen und gute Züchter, die, was da auch kommen möge, zu ihren Hunden stehen. Keine dieser Möglichkeiten kann Garantien bieten. Nicht einmal die besten Züchter, die alles über die Genetik ihrer Hunde wissen, können das. Wenn jemand Ihnen erzählt, er oder sie würde seit zwanzig Jahren züchten und hätte noch nie einen Problemwelpen gehabt, sollten Sie freundlich lächeln und das Weite suchen. Die Wahrscheinlichkeit, dass das passiert, ist unaussprechlich gering, so sorgfältig die Zucht auch sein mag. Auch Züchten ist ein Spiel mit Wahrscheinlichkeiten, kein ehernes Gesetz mit exakt vorhersagbaren Ergebnissen.

Wenn Sie sich erst einmal an den Gedanken gewöhnt haben, dass es hier um ein Spiel mit einer gewissen Menge an Glück geht, besteht der ganze Trick darin, die Chancen auf Ihre Seite zu bekommen. Mit einem Tierheim können Sie das am besten tun, indem Sie eins suchen, das Wesenstests mit seinen Hunden macht und indem Sie (und das ist der schwierigere Teil) glauben, was man Ihnen dort über die Ergebnisse sagt. Verhaltensbeurteilungen in Tierheimen sind auch eher Aussagen zur Wahrscheinlichkeit als Garantien, was aber nicht heißt, dass man sie getrost ignorieren kann. Wenn der Wettermann im Fernsehen sagt, dass es am Samstag fünfunddreißig Grad heiß und schwül wird, werde ich nicht planen, den Tag draußen zu verbringen. Falls er unrecht hatte, werde ich angenehm überrascht sein, aber es wäre dumm gewesen, einen starren Plan zu machen, der mich und meine Border Collies höchstwahrscheinlich hätte zu Pfützen zerfließen lassen.

Und wenn ein Hund im Wesenstest geknurrt und nach der Plastik-Testhand gebissen hat, ist das entsprechend keine Garantie dafür, dass er Ihr Kind beißen wird – aber gehen Sie das Risiko ein? Das wäre so, als ob Sie während eines Hurricans zum Surfen gehen oder – schlimmer noch – Ihr Kind zum Surfen hinausschicken würden. Klar, es gibt eine Chance, dass es gutgehen wird, aber die Wahrscheinlichkeit fällt nicht unbedingt zu Ihren Gunsten aus.

Die besten Vorhersagen werden Mitarbeiter machen können, die eine gründliche Ausbildung genossen haben und die viel Erfahrung im Umgang mit Hunden und mit Wesenstests haben. Um maximal aussagekräftig zu sein, müssen Wesenstests immer am gleichen Ort und auf die gleiche Weise mit klaren, objektiven Verhaltensmessungen gemacht werden. Gleichzeitig bin ich aber auch dafür, eine subjektive Kategorie innerhalb der Wesenstest einzuführen, in denen erfahrene Prüfer Dinge wie »Ich weiß nicht warum, aber dieser Hund hier hat etwas an sich, das mich wirklich nervös macht« sagen können. Subjektive erste Eindrücke können, wenn sie von gut ausgebildeten und erfahrenen Menschen kommen, sehr hilfreich sein. Profis aus den wichtigsten und seriösesten Bereichen wissen, dass das »Bauchgefühl« wertvoll ist und zusammen mit all den anderen Daten berücksichtigt werden sollte, wenn eine Entscheidung ansteht. Wichtig ist nur, dass beides wirklich glasklar auseinandergehalten wird – man muss wissen, welche Teile der Beurteilung objektive, quantifizierbare Messdaten enthalten und welche auf subjektiven Eindrücken beruhen.

Wenn Sie ein Glückspilz sind und ein Tierheim an der Hand haben, dessen Mitarbeiter gute Wesenstests machen, dann hören Sie auch auf deren Ergebnisse. Sie sind der- oder diejenige, der sich mit größter Wahrscheinlichkeit übermäßig stark von einem niedlichen Gesicht beeinflussen lassen wird, während die Mitarbeiter diejenigen sind, die ihren täglichen Lebensunterhalt mit Hunden verdienen. Sie sind gut beraten, ihnen zuzuhören.

Was Sie in der Zwischenzeit tun können, lange bevor Sie sich in einen hübschen Charmebolzen aus dem Tierheim vergucken, ist: Überlegen Sie, welche Art von Hund die richtige für Sie ist. Das ist der einfache Teil. Der schwierigere ist, Ihre sorgfältig ausgearbeiteten Kriterien nicht samt und sonders über Bord zu werfen, wenn Sie erst einmal dem in der Ecke des hintersten Zwingers kauernden, herzerweichenden Flauschball gegenüberstehen. Nehmen Sie einen objektiven Freund oder eine Freundin mit, der oder die Ihre Kriterien gut kennt – das kann Ihnen sehr dabei helfen, auf Ihre Vorgaben konzentriert zu bleiben. Das Mitnehmen von Kindern kann das genaue Gegenteil bewirken, weshalb es eine gute Idee ist, aus dem ersten Besuch im Tierheim eine Exklusivveranstaltung für Erwachsene zu machen. Bringen Sie die Kinder erst dann mit, wenn Sie ein paar wenige Kandidaten in die engere Wahl genommen haben. Hier ein paar Dinge, die Ihre Liste unbedingt enthalten muss. Sie mögen vielleicht offensichtlich und banal klingen, aber ich erwähne sie deshalb, weil es genau diejenigen Faktoren sind, die ich am häufigsten in unpassenden Hund-Mensch-Kombinationen sehe.

Bewegungsbedarf und Aktivitätsniveau. Viele Tierheimhunde sind energiegeladene Erwachsene, deren Bewegungsbedarf die Vorbesitzer überfordert hat. Sie können tolle Hunde für junge Paare sein, die gerne draußen aktiv sind und wandern gehen, aber in einer Familie mit Kindern nichts als Schwierigkeiten machen. Sie würden diesen Aspekt so ernst nehmen, wie er ernst genommen zu werden verdient, wenn Sie in meinem Büro sitzen und tagaus, tagein den Legionen von Menschen zuhören könnten, die ein schlechtes Gewissen haben, weil ihr Hund nicht genug Bewegung bekommt. Fragen Sie die Tierheimangestellten nach ihrer Einschätzung, wie viel Bewegung ein bestimmter Hund ihrer Meinung nach brauchen wird und seien Sie realistisch darin, wie viel Zeit Sie in Ihrem Leben erübrigen können, um einen Hund körperlich und geistig auslasten zu können. Der Zwanzig-Minuten-Spaziergang an der Leine, den viele Menschen als Bewegung definieren, reicht kaum aus, um einen jungen Retriever oder Hütehund auch nur aufzuwärmen.

Größe. Die Größe macht's auch bei Hunden, ehrlich. Labradors aus Leistungszucht stecken nicht nur voller Energie, sie wachsen sich auch zu großen, kraftvollen Hunden aus, die Kleinkinder oder ältere Menschen wie Kegel auf einer Bowlingbahn einfach umwalzen können. Einige der wirklich großen Hunde brauchen allerdings auch am wenigsten Bewegung, weshalb Sie nicht unbedingt große Rassen aus der Überlegung heraus meiden müssen, dass Sie keine acht Hektar Land besitzen. Sie müssen zwischen einem großen Hund mit hohem Aktivitätsniveau (Labrador aus Leistungszucht) und einem großen Hund unterscheiden, der ein reiner Sofarutscher ist (hier kommt einem ein ausgedienter Greyhound von der Rennbahn in den Sinn).

Reaktivität und Erregungsniveau. Hunde, die sehr leicht auf Sicht- oder Hörreize reagieren, können als Leistungshunde absolute Spitzenklasse sein, weil sie so gut hören und so schnell reagieren. Als Familienhunde können sie aber ein Desaster sein, weil sie so gut hören und so schnell reagieren. Einen Border Collie zu haben, der in einer Hütehundprüfung an Schafen auf Ihre leisesten Körperbewegungen reagiert, ist das eine – die andere, einen zu haben, der jedes Mal vom Sofa springt, wenn Ihre sechs Jahre alte Tochter durchs Wohnzimmer flitzt. Aus gutem Grund enthalten Wesenstests einen Teil, in dem der Hund aufgedreht und in Aufregung versetzt wird. Zum einen möchte man herausfinden, was der Hund tut, wenn er vor Aufregung ganz außer sich ist – springt er vielleicht in Richtung Ihres Gesichts und versucht

Sie zu beißen? Zum anderen möchte man wissen, wie lange der Hund braucht, sich nach einer solchen Aufregung wieder zu beruhigen. Familien mit kleinen Kindern sollten nach einem Hund Ausschau halten, der auch dann noch relativ höflich bleibt, wenn er sehr aufgeregt ist und der sich in vernünftigem Zeitrahmen wieder abregen kann.

Menschenbezogenheit. Die meisten Menschen wünschen sich einen Hund, der Menschen mag, bezeichnen aber fälschlicherweise rüpelige, sehr überschwängliche Hunde als »freundlich«. Menschen anzuspringen und umzuwerfen ist nicht notwendigerweise freundlich. Es ist entweder ein Zeichen hoher Erregung, ein Mangel an Respekt gegenüber persönlichem Raum oder einfach nur ein ungeschickter Halbstarker, der nie Manieren gelernt hat. Fragen Sie mal die Tierheimangestellten, ob sie Ihnen den Unterschied erklären können. Ich für meinen Teil würde den Hund meiden, der mich anrempelt anstatt mich zu begrüßen oder der mich völlig ignoriert und obsessiv im Raum herumschnüffelt.

Aussehen ist aus zweierlei Gründen wichtig. Gutes Aussehen kann Ihnen Schwierigkeiten ohne Ende bereiten – fragen Sie nur mal einen Eheberater. Hüten Sie sich davor, Ihre Kriterienliste aus dem Fenster zu werfen, weil das Aussehen eines Hundes Ihre Fähigkeit zum Treffen einer objektiven Entscheidung in den Schatten stellt. Ein weiterer guter Grund, einen Freund oder eine Freundin mitzunehmen. Er oder sie kann Sie daran erinnern, dass Sie geschworen haben, niemals einen Hütehund mit nach Hause zu bringen, während Sie gerade weiche Knie bekommen, weil ein Australian Shepherd Sie schmelzenden Blickes aus dem Zwinger heraus anschaut. Vielleicht interessiert es Sie zu erfahren, dass die meisten Menschen Hunde mit weißen Fellabzeichen bevorzugen und die uni braunen oder schwarzen links liegen lassen. Jetzt, wo Sie das wissen, schauen Sie mal ganz genau hin, denn einer dieser fleckenlosen Flockis könnte der beste Hund sein, den Sie je im Leben haben werden. Ironischerweise ist das Aussehen aber auch noch aus einem anderen Grund wichtig. Auch wenn es widersprüchlich klingen mag – es kann nie schaden, einen Hund zu nehmen, bei dessen Anblick Ihnen das Herz lacht. Im Grunde, so denke ich, lässt es sich auf Folgendes reduzieren: Gutes Aussehen kann einige geringe Mängel wettmachen, nicht aber kompensieren, wenn zwei nicht zueinander passen.

Nach all meinem Gerede über Wahrscheinlichkeiten und Wettervorhersagen sind Sie vermutlich nicht überrascht, wenn ich Ihnen jetzt mitteile, dass nichts von dem oben Gesagten Ihnen den perfekten Hund garantieren wird. Ich hoffe aber, dass es Ihre Chancen steigen lässt und Sie sich mit dem hündischen Äquivalent von Sonnenschein und blauem Himmel wiederfinden werden, wenn Sie den menschlichen und gutwilligen Schritt tun, einen Hund aus dem Tierheim oder von einer Vermittlungsstelle zu sich zu nehmen. Mögen Sie alle Lassies finden, und mögen alle Lassies dieser Welt ein Zuhause finden.

Einmal nur im Leben

Warum nicht alle Hunde
überdurchschnittlich sein können

Sie war fantastisch«, sagte Jacqueline über ihre kürzlich verstorbene Hündin Belle. »Einfach fantastisch. Sie hat jeden Menschen und jeden Hund angehimmelt, dem sie begegnet ist und sechs Jahre lang als Therapiehund in meiner Psychologiepraxis gearbeitet. Viele meiner Kunden waren psychisch krank und verhielten sich unberechenbar, aber Belle liebte sie alle, und wenn ihr Verhalten noch so unvorhersehbar war. Ich machte mir keine Sekunde lang Sorgen, dass sie mit meinen Kunden irgendetwas anderes tun könnte als ihnen die Gesichter zu lecken.«

Nun könnten Sie vielleicht meinen, dass diese herzerwärmende Geschichte mich fröhlich gestimmt hätte, aber ich hatte kein sehr gutes Gefühl, als ich sie hörte. Jacqueline war innerlich bereit für einen neuen Hund und wollte, dass ich ihr bei der Suche nach einem Welpen half, der Belles Platz einnehmen sollte. Nach Jacquelines Worten war Belle ein Hund, wie man nur »einen unter Millionen« findet – und genau darin lag mein Problem.

Wie groß ist die Chance, dass einer der zur engeren Wahl stehenden Welpen in Belles Pfotenspuren treten kann? Sie haben es erraten – eins zu einer Million. Gut, das ist vielleicht ein wenig übertrieben, aber Sie wissen schon, wie es gemeint ist. Dermaßen einzigartige Hunde sind so schwierig zu finden wie ein August-Schneesturm in Arizona. Sie sind die Tiger Woods der Hundewelt. Definitionsgemäß sind diese Hunde so speziell, dass Sie so gut wie keine Chance haben, einen zweiten zu finden, wenn Sie zuvor das unbeschreibliche Glück hatten, einen zu besitzen. Das ist eigentlich so offensichtlich, dass es kaum zu wiederholen wert ist.

Offensichtlich so lange, bis jemand seinen einzigartigen Hund verliert und nach einem neuen Ausschau zu halten beginnt. Es scheint relativ verbreitet zu sein, dass man die ganz außergewöhnliche Natur eines bestimmten Hundes hervorhebt und sich dann selbst auf Misserfolg programmiert, wenn man auf die Suche nach einem Hund geht, der ebenso gut sein soll. Ich kenne Menschen, die vor Sorge, welchen Welpen aus dem Wurf sie nun nehmen sollten, nachts nicht schlafen konnten. Und das nur, weil sie unbedingt den absolut perfekten Hund haben mussten. Ich kenne das Gefühl selbst nur zu gut, wie wahrscheinlich viele von uns. Die Last, die richtige Entscheidung treffen zu müssen, wiegt nur selten so schwer wie in dem Moment, wenn verantwortungsvolle und gebildete Menschen einen Welpen auswählen müssen: Wird es der Richtige sein? Der alles verkörpert, was ich mir je von einem Hund gewünscht habe?

Ich behaupte nicht etwa, dass wir nicht unser Bestes tun sollten, um den bestmöglichen Hund zu finden. Ich wünschte sogar, dass sich mehr Menschen darüber gründliche Gedanken machten. Wer genau weiß, was er oder sie will und sich dann auf die gezielte Suche danach macht, handelt weise und besonnen. Genauso weise ist es aber auch, das zu akzeptieren, was einem zur Verfügung steht und von dort auszugehen. Die beste Genetik, der beste Züchter, das beste Tierheim oder der eindrucksvollste Wesenstest können Ihnen nichts weiter als eine Aussage zu einer bestimmten Wahrscheinlichkeit liefern. Welpen sind wie das Wetter. Man kann ganz gute Vorhersagen dazu treffen, was vermutlich in Zukunft passieren wird, aber das System ist viel zu kompliziert, um Garantien geben zu können. Es gibt allerdings eine Garantie, auf die wir uns wirklich verlassen können: Wirklich einzigartige Hunde kommen nur einmal in einer Million vor.

Vielleicht ist dies der richtige Moment, sich einmal zurückzulehnen und sich zu fragen, was wir eigentlich von unseren Hunden erwarten. Ich habe den Eindruck, dass das heute viel mehr ist als es früher war. Vor ein paar Jahrzehnten erwartete man von einem Hund, dass er stubenrein war, keine frischen Hühnereier aus dem Nest zum Frühstück klaute und die Kinder nicht biss. Genau genommen stimmt das Letzte noch nicht einmal ganz. Die häufigste Reaktion auf einen harmlosen Hundebiss an einer Kinderhand war »Was hast du dem Hund getan?« oder »Ich hab dir doch gesagt, dass du den Hund beim Fressen in Ruhe lassen sollst.« Heute werden wir mit Berichten überschüttet, die Millionen jährlicher Hundebisse als ernstzunehmende Gesundheitsgefährdung darstellen, obwohl die überwältigende Mehrheit dieser Bisse weniger Verletzungen verursacht als die Schrammen und Kratzer, die Kinder sich beim Fußballspielen oder Fahrradfahren holen.

Die Gesellschaft im Großen und Ganzen scheint von Hunden zu erwarten, dass sie Gäste mit perfekten Manieren begrüßen sollen, Quälereien von Kindern klaglos ertragen sollen, sowohl im Haus als auch draußen stets makellos sauber bleiben und mit wenig oder gar keiner Erziehung immer das tun, was wir von ihnen verlangen. Ein Teil des Problems besteht vielleicht darin, dass es sogar einige solcher Hunde gibt – und immer dann, wenn jemand so einen hat, schafft dies die Erwartung, dass man wieder einen solchen finden muss. Das ist eine verflucht schwere Last, die man dem nächsten Hund aufbürdet.

Unsere steigenden Erwartungen an die Hunde haben aber auch eine positive Seite. Einer der Gründe, warum wir so viel von unseren Hunden erwarten, ist sicher, dass wir mehr und mehr darüber zu lernen beginnen, wer sie eigentlich sind. Neue wissenschaftliche Erkenntnisse legen nah, dass das Gefühlsleben und die kognitiven Fähigkeiten von Hunden den unseren sehr viel ähnlicher sind, als wir bis dahin glaubten. Der wertvolle Einfluss von Familienhunden auf unsere Gesundheit und unser Wohlbefinden wird von Psychologen und Ärzten anerkannt. Wir haben entdeckt, dass Hunde mit ihren Nasen Krebszellen, undichte Ölleitungen und in Gefahr geratene Schildkröten (kein Scherz) erschnüffeln können. Je mehr unser Verständnis von Hunden als komplexe, fühlende Kreaturen wächst, desto mehr scheinen auch unsere Erwartungen an sie zu steigen. Das ist bis zu einem gewissen Maß eine gute Sache, aber bestimmt ist es nicht fair, von all unseren Hunden Überdurchschnittlichkeit zu erwarten.

Auch ich hatte einmal einen »einen unter einer Million-Hund«, Cool Hand Luke, und ich schätze mich dafür außerordentlich glücklich. Nicht nur, weil er so besonders war, sondern weil meine Arbeit mit anderen Hunden mich jeden Tag von neuem daran erinnerte, wie besonders er war. Luke ist vor einigen Jahren gegangen, und ich habe jetzt seinen Neffen, einen zweijährigen Border Collie namens Will. Er hatte keinen Vorzeigestart. Mit acht Wochen geriet er beim Anblick eines anderen Hundes im Tierarztwartezimmer in Panik und reagierte in den Wochen darauf auf alle fremden Hunde so, als ob sie Monster wären. Als er das Alter von drei Monaten erreicht hatte, war klar, dass er das Potenzial für enorme Aggression gegenüber Artgenossen hatte. Glücklicherweise kann ich sagen, dass Will in dieser Hinsicht enorme Fortschritte macht (sobald ich mit diesem Essay fertig bin, wird sein bester Kumpel zum Spielen herüberkommen). Trotzdem ist er nicht der Hund, der je Lukes Platz in der Arbeit mit aggressiven Kundenhunden einnehmen könnte.

Problemverhalten gegenüber anderen Hunden war aber nicht alles an Wills kläglichem Start. Die ersten Monate, die er bei mir lebte, verbrachte ich größtenteils auf den Knien, um die Ergebnisse seines wasserstrahlartigen Durchfalls zu beseitigen. Es brauchte drei Monate Zeit, viel Lesen, Beratschlagung und Tierarztbesuche, bis klar war, wie mit seinem empfindlichen Magen umzugehen war. Und gerade, als wir das unter Kontrolle hatten, begann er so zwanghaft die Katze zu hüten, dass sowohl die Katze als auch ich auf dem besten Weg waren, »ein schönes Zuhause auf dem Land« für ihn zu finden. (Oh, Mist ... ich lebe ja auf dem Land.) Am Tag, als ich einen weiteren geliebten Hund einschläfern lassen musste und Will neun Monate alt war, verletzte er sich übel an der Schulter und musste fünf Wochen lang »Boxenruhe« und Leinenzwang erdulden. Nach etwa drei Wochen, in denen ich pausenlos einen an akutem Bewegungsmangel leidenden Border Collie an mich festgebunden hatte, bat ich meinen Lebensgefährten Jim, mir diese »Ausgeburt der Hölle« (genau das waren meine Worte) für eine halbe Stunde aus den Augen zu schaffen, damit ich mich wieder neu sortieren konnte.

Und dennoch: Will liebt Menschen jeden Alters, jeder Größe und jeder Form. Er mag sie nicht nur, sondern er vergeht jedes Mal vor Begeisterung, wenn er jemand Neues begegnet. Er lernt schneller Tricks als alle Hunde, die ich je hatte. Er ist wunderhübsch anzusehen, kuschelt so gerne wie ich und betet die Erde an, über die meine Pyrenäenberghündin geht.

Wird Will je ein »einer unter Millionen-Hund« werden? Ich bezweifle es. Aber das ist in Ordnung. Ich liebe ihn trotzdem so sehr, dass es schon beinahe schmerzt. Ich hatte meinen einzigartigen Hund schon, und wie viele davon kann man wohl in seinem Leben erwarten? Wenn Sie das große Glück hatten, mit einem dieser ganz besonderen Hunde zusammenleben zu können, dann führen Sie sich die Wahrscheinlichkeit vor Augen, wieder einen solchen zu finden und befreien sich selbst von dem Druck, zweimal im Lotto gewinnen zu müssen. Und außerdem: Haben unsere Mütter uns nicht immer eingeschärft, wir sollten nicht habgierig sein?

Gefühle und Verstand

Ein halb volles Glas

Nicht alle Gefühle sind gleich, aber alle sind gleich machtvoll

Buster kam mit einer Vorgeschichte in mein Büro, und es war keine besonders nette. Er hatte mehrmals gebissen und die Bisse waren ernst. Er biss immer dann, wenn er daran gehindert wurde, sich etwas zu holen, das er gerne haben wollte. »Ich weiß, ich sollte das nicht sagen«, sagte Busters Halter, »aber es kommt mir fast so vor, als ob er wütend auf mich wäre. Ich weiß, dass Wut eine menschliche Sache ist, aber ich schwöre: Er sieht exakt genauso aus wie ein wütender Mensch, bevor er beißt.«

Wenn Sie nach einem Aufhänger für ein Gespräch suchen, fragen Sie einfach einmal die Menschen um Sie herum, ob Tiere ihrer Meinung nach Gefühle wie Ärger, Glück oder Eifersucht hätten. Ich garantiere Ihnen einen interessanten, wenn nicht sogar hitzigen Meinungsaustausch. Die Auffassungen über Gefühle bei Tieren variieren von »natürlich haben Tiere Gefühle« bis »natürlich haben sie keine, Gefühle sind etwas ausschließlich menschliches«.

Was geht hier vor? Man sollte doch glauben, dass wir bei so etwas Grundlegendem wie Gefühlen alle mehr oder weniger der gleichen Meinung sein sollten. Tatsächlich aber rangieren die Meinungen über die Existenz von Gefühlen bei Hunden und anderen Tieren von einem kategorischen Nein bis zu einem absoluten Ja. Und das sind nicht etwa Meinungsunterschiede zwischen Wissenschaftlern und Nicht-Wissenschaftlern, wie oft angenommen wird. Sie können ebenso gut Ihren Nachbarn argumentieren hören, dass nur Menschen Gefühle haben könnten wie Sie das Gleiche in einer Wissenschaftszeitschrift lesen können.

Tatsache ist, dass wir unseren eigenen Emotionen offenbar sehr emotional gegenüberstehen – es fällt uns nur zu oft schwer, sie mit den gleichen klaren, logischen Denkprozessen zu diskutieren, in denen wir unserer eigenen Meinung nach so besonders stark sind. Zum Teil ist dies ein Ergebnis davon, dass wir uns unwohl damit fühlen, anderen Lebewesen Gefühle zuzugestehen. Dieses Unbehagen wurde durch die Arbeit der frühen Behavioristen, insbesondere B. F. Skinner, beeinflusst. Skinner war Teil einer Bewegung, die Psychologie zu einer exakten Wissenschaft zu machen versuchte und sprach sich gegen weitere Forschungen an allem aus, das nicht exakt quantitativ messbar war. Da Gefühle innere, subjektive Zustände sind und zu Skinners Zeit nicht quantifiziert werden konnten, weigerte er sich, von »Gefühlen« bei Tieren zu sprechen. Dabei ist aber wichtig zu wissen, dass er mit ebensolcher Vehemenz dagegen war, über Gefühle beim Menschen zu sprechen – er war niemand, der Menschen und Tiere in separate Kategorien steckte. Erst andere entwickelten dieses Argument einen Schritt weiter und brachten es auf die gleiche Linie mit der Ansicht mancher Philosophen, dass es keine Veranlassung dafür gäbe, Gefühle bei Tieren zu studieren – weil es keine gäbe.

Es stimmt allerdings, dass man aus gutem Grund vorsichtig damit sein sollte, Tieren Gefühle zuzusprechen. Wir sind nicht immer besonders gut darin, diesbezüglich Ursachen und Wirkung korrekt miteinander in Verbindung zu bringen, wenn wir zum Beispiel glauben, eine Pfütze auf dem Teppich würde bedeuten, dass der Hund ärgerlich mit uns wäre. Dabei war er nur verängstigt oder ganz einfach nicht stubenrein erzogen. Manchmal projizieren wir auch unsere eigenen Gefühle auf unsere Tiere und ignorieren jedes Indiz dafür, dass sie traurig sein könnten, weil wir glücklich sind (oder umgekehrt). Trotzdem ist die Argumentation unlogisch, dass wir Gefühle bei Tieren nur deshalb ignorieren müssten, weil wir manchmal falsch mit unserer Vermutung liegen, welches Gefühl sie gerade erleben. Darüber hinaus ist es auch nicht mehr richtig, dass wir die Erforschung von Gefühlen nicht mit wissenschaftlicher Exaktheit betreiben könnten. Die aktuellsten Fortschritte der Neurobiologie haben uns elegante neue Untersuchungsmöglichkeiten in Sachen Gefühle eröffnet und es liegen überwältigende Hinweise darauf vor, dass wir einen großen Teil unseres Gefühlslebens mit Tieren teilen – unsere Hunde inbegriffen.

Gefühle sind primitive Dinge, tief im Inneren eines primitiven Bereichs des Gehirns konzentriert. Dieser Bereich heißt »limbisches System« und man findet ihn allgemein bei Primaten (einschließlich Menschen), Hunden und Mäusen. Das limbische System ist so universell, dass man es sogar »das Säugetiergehirn« nennt. Primäre Gefühle wie Angst und Glück sind bekanntlich entscheidend wichtig für das Überleben. Schließlich sind es letzten Endes die Gefühle, die uns die Entscheidung »kämpfen oder fliehen« ermöglichen. Zugegeben, eine moderne Version dieses Jahrmillionen alten Dilemmas könnte auch die Frage sein, ob Sie Ihren Chef kritisieren sollen oder nicht, aber letzten Endes läuft es immer auf das Gleiche hinaus: Gefühle informieren unser rationales Gehirn über die bestmögliche Handlungsoption. Diese Entscheidungen müssen nicht unbedingt bewusst getroffen werden, aber sie benötigen Informationen. Menschen, deren Verbindung zwischen dem rationalen Kortex und dem Emotionszentrum im Gehirn zerstört ist, sind nicht mehr in der Lage, selbst die simpelsten Entscheidungen zu treffen – wo sie ein Blatt Papier ablegen sollen zum Beispiel. Wie sich herausstellt, sind unsere »rationalen« Gehirne ohne unsere so häufig abgewertete Gefühlsseite hilflos – sicher eine befriedigende und beflügelnde Tatsache für all diejenigen unter uns, deren Gefühle sehr nah unter der Oberfläche liegen.

Denken Sie an diese ursprüngliche Kraft, falls (oder besser: wenn) jemand Ihnen gegenüber verächtlich schnaubend behauptet, Hunde hätten keine Gefühle. Erinnern Sie ihn oder sie dann daran, dass die grundlegenden Gefühle wie Angst, Wut und ein Sinn für Wohlbefinden primitive Mechanismen sind, die für das Überleben von Lebewesen in einer komplizierten und sich ständig verändernden Umwelt wichtig sind. Erinnern Sie ihn oder sie außerdem daran, dass Hunde die gleichen Gehirnstrukturen, die gleichen Neurotransmitter, die gleichen Hormone und die gleichen Gefühlsausdrücke haben, wie sie auch beim Menschen existieren. Selbst Zuneigung und Liebe sind biologische Prozesse. Ihre chemischen Antriebsstoffe sind Dopamin, das zu dem berühmten Rausch der Verliebtheit führt und Oxytocin, das Hormon, das unsere Herzen erwärmt und unsere Knie erweicht, wenn wir einen acht Wochen alten Welpen anschauen. Ihr Hund hat den gleichen Satz an Hormonen und sie funktionieren in seinem Körper auf genau die gleiche Weise, wie sie es in unserem tun. Sogar Schafe benehmen sich ihren Lämmern gegenüber aufmerksamer und beschützerischer, wenn sie mehr Oxytocin im Blut haben und sie stoßen ihre Lämmer aggressiv ab, wenn ihre Körper daran gehindert werden, das durchs System zirkulierende Oxytocin auszuwerten.

Gefühle mögen primitiv sein, aber das bedeutet nicht, dass sie simpel sind – weshalb ich niemals die erheblichen Unterschiede herunterspielen würde, die zwischen dem Erleben von Liebe und Angst bei Menschen und bei Hunden bestehen müssen. Ein wichtiger Aspekt der Gefühle sind die Gedanken, die mit ihnen einhergehen, und es wäre absurd zu behaupten, dass menschliche Gedanken – hervorgebracht von unseren enorm entwickelten Gehirnrinden – die gleichen sein sollten wie die von Hunden. Nicht alle Gefühle sind gleich, zumindest nicht im Hinblick auf die Gehirnleistung, die zu ihrem Erleben nötig ist. Ganz bestimmt aber wird das ursprünglichste aller Gefühle – Ekel – von Menschen und Hunden sehr ähnlich erlebt. »Bäh, igitt« sieht auf dem Gesicht eines Hundes genauso aus wie auf dem eines Menschen. Es dient dazu, uns am Leben zu erhalten, indem wir Dingen aus dem Weg gehen, die uns krank machen könnten. Das nächste Gefühl in der Reihenfolge grundlegender Emotionen müsste die Angst sein: Wie sollten wir überleben können, wenn wir keine Angst davor hätten, verletzt zu werden?

In der Tat stimmen die meisten Biologen darin überein, dass alle Säugetiere sogenannte »Grundgefühle« wie Ekel, Angst und Wut erleben. Ein bisschen komplizierter werden die Dinge, wenn wir über »soziale Gefühle« wie Neid oder Schuld sprechen. Viele hoch angesehene Wissenschaftler, deren Arbeit ich zutiefst bewundere, argumentieren, dass nur Menschen Neid empfinden könnten – eine Meinung, die von der Auffassung getragen wird, dass Neid ein Bewusstsein von sich selbst und ein Verständnis davon voraussetzt, was im Kopf der anderen vorgeht. Ich teile diese Meinung nicht, denn mir scheint Neid etwas zutiefst einfaches zu sein: »Ich will es, aber du hast es. Ich hasse das.« Das sieht nicht besonders kompliziert aus, oder? Andererseits habe ich den Verdacht, dass Schuldbewusstsein ein Gefühl ist, das wir unseren Hunden ziemlich oft fälschlich zuschreiben. Schuldbewusstsein erfordert ein Verständnis sozialer Moralkodexe – etwas, das kompliziert und vielleicht nur für menschliche Interaktionen relevant erscheint. Und doch meinen wir nur zu oft, unsere Hunde würden sich schuldbewusst fühlen, wenn sie uns an der Tür begrüßen und wir hinter ihnen das in Einzelteile zerbissene Sofa erspähen.

Und was ist mit Wut, dem Gefühl, mit dem dieses Essay begann? Ich nehme an, dass Hunde etwas dem, was wir »Wut« nennen, sehr ähnliches erleben können. Und ich vermute, dass die meisten Hunde nicht sehr oft wütend werden, jedenfalls nicht verglichen mit Menschen. Sie mögen uns vielleicht nicht in jeder einzelnen Sekunde des Tages bedingungslose Liebe entgegenbringen, aber ihre Sanftheit und geduldige Akzeptanz uns gegenüber ist immer noch legendär.

Im Moment aber ist es unser gemeinsames Gefühl der Angst, das unserer besonderen Aufmerksamkeit bedarf. Die archaische »Du-musst-über-deinen-Hund-dominant-sein« Perspektive erlebt eine Wiedergeburt und wir werden zur Anwendung körperlicher Gewalt aufgefordert, um unsere Hunde in die Unterwerfung zu zwingen. Natürlich kann man jemanden zum Gehorchen bringen, indem man ihn verängstigt, zumindest für eine gewisse Zeit – fragen Sie nur einmal Entführungsopfer. Aber diese »gehorsamen« Individuen strahlen Angst aus und benehmen sich nicht deshalb wunschgemäß, weil sie zu Höflichkeit und guten Manieren erzogen wurden, sondern weil ihnen körperlicher Schaden angedroht wird, wenn sie es nicht tun.

Wenn wir die Grundgefühle wie Angst und Freude mit unseren Hunden teilen, was seriöse Forschungsergebnisse nahelegen, dann müssen wir unsere großen, gewundenen Hirne dazu benutzen, Beziehungen zu unseren Hunden zu finden, die die besten Gefühle in uns hervorbringen und nicht die schlechtesten. Natürlich unterscheidet sich unser Erleben der Gefühle von dem der Hunde, und diese Unterschiede sind auch wichtig. Genauso wichtig ist aber auch, was zwischen uns ähnlich ist, und das sollte tagtäglich als Information in unserer Beziehung dienen. Ich muss dabei immer an das bekannte Gleichnis vom halb vollen oder halb leeren Glas denken – und bin sicher, dass es ein sehr großes Glas ist. Die Flüssigkeit darin kann bitter oder süß schmecken – das liegt ganz an uns.

ALLES HALB SO SCHLIMM

Warum streichelnde Hände
doch gegen Angst wirken

Es war ein Uhr morgens und ich war hellwach. Die ganze Nacht lang waren Gewitter wie Wellen einer Sturmflut über die Farm hinweggerollt und der letzte Donner war so laut, dass ich dachte, die Fenster könnten bersten. Lassie, meine 14-jährige Border Collie Hündin, lag hechelnd neben mir. Sie ist fast taub, aber die Kombination von fallendem Barometer, grellen Blitzen und dem Donnertosen reichte doch aus, um sie in Panik zu versetzen. Als wir so nebeneinander lagen und ich ihren weichen alten Kopf streichelte, dachte ich über den so oft gehörten Ratschlag nach, dass man einen Hund, der bei Gewitter Angst hat, nicht streicheln soll. »Sie bringen ihm damit nur bei, noch mehr Angst zu haben«, so die überlieferte Weisheit. Dazu nur so viel: Es stimmt nicht.

Ewige Zeiten lang hat man uns gepredigt, dass Beruhigungsversuche ängstliche Hunde nur noch ängstlicher machen würden. Wenn man das Ganze nur aus einer klinisch sterilen Reiz-und-Reaktion-Perspektive betrachtet, erscheint das in gewisser Weise logisch. Ihr Hund hört Donergrollen, kommt zu Ihnen gelaufen und Sie streicheln ihn. Voilà, Ihr Hund ist gerade dafür bestärkt worden, bei Donner zu Ihnen zu laufen, und – schlimmer noch – dafür, dass er vor dem Donnergeräusch Angst hat. Aber so läuft es nicht ab, und ich werde Ihnen auch erklären warum. Erstens: Sie können Ihren Hund noch so viel streicheln, es wird ihm nicht so viel wert sein, dass er dafür das Gefühl der Panik in Kauf nimmt. Angst zu haben ist für Hunde genauso wenig lustig wie für Menschen. Angst hat die Funktion, dem Körper mitzuteilen, dass Gefahr droht und dass das Angst empfindende Individuum besser etwas tun würde, um diese Gefahr und die damit einhergehende Angst zum Verschwinden zu bringen.

Stellen Sie sich das Ganze einmal so vor: Nehmen wir an, Sie essen gerade ein Eis, als um Mitternacht jemand in Ihr Haus einzubrechen versucht. Würde das Vergnügen des Eisessens Sie darin »bestärken«, Angst zu haben, sodass Sie beim nächsten Mal noch mehr Angst hätten? Wenn überhaupt, würde es höchstens umgekehrt funktionieren – Sie könnten eine unbewusste Abneigung gegenüber Eiscreme entwickeln. Eins aber ist so sicher wie das Amen in der Kirche: Sie würden bei der künftigen Begegnung mit einem Einbrecher nicht deshalb mehr Angst haben, weil Sie beim ersten Mal, als es passierte, gerade einen Schokoeisbecher verputzten.

Es gibt noch einen weiteren Grund dafür, warum es die Angst Ihres gewitterphoben Hundes nicht verschlimmert, wenn Sie ihn streicheln. Es kann nicht schaden, wenn Sie einmal tief durchatmen, bevor Sie weiterlesen. Untersuchungen an gewitterphoben Hunden haben ergeben, dass Streicheln das Stressniveau des betroffenen Hundes nicht senkt.[1] Wenn es den Stress nicht senkt, wie kann es dann bestärkend wirken? Bevor Sie mir nun schreiben, wie sehr Ihre liebevollen Berührungen Ihren Hund beruhigen, beachten Sie bitte: (1) Ich habe diese Untersuchungen nicht gemacht; (2) meine eigenen Hunde hören zu winseln und hecheln auf, wenn ich sie während eines Gewitters streichle und (3) ist es mir in dem Fall egal, was die Forschung sagt – ich fühle mich dabei wohler, es schadet nicht und also tue ich es sowieso.

---

[1] Nancy Dreschel, DVM & Douglas Granger, Ph.D., 2005. »Physiological and behavioral reactivity to stress in thunderstorm-phobic dogs and their caregivers.« *Applied Animal Behaviour Science* 95: 153-168.

Stress studieren

Spaß beiseite: Es ist wichtig, präzise darin zu sein, was die besagte Studie eigentlich herausgefunden hat. Die Autoren haben die Produktion des mit Stress in Verbindung stehenden Hormons Kortisol gemessen. Sie fanden heraus, dass der Kortisolspiegel nicht sank, wenn die Hunde während eines Gewitters von ihren Haltern gestreichelt wurden. (Der einflussreichste Faktor zur Senkung des Kortisolspiegels war die Anwesenheit anderer Hunde.) Interessanterweise fand eine weitere Studie zum Thema sozialen Bindungsverhaltens heraus, dass zwar der Kortisolspiegel von Menschen sinkt, die Kontakt mit Hunden haben, nicht aber umgekehrt der Kortisolspiegel von Hunden in der gleichen Situation.[2] Allerdings stieg bei beiden Spezies der Spiegel anderer Hormone und der bestimmter Neurotransmitter an, darunter der von Oxytocin, Prolaktin und Beta-Endorphin – allesamt Substanzen, die mit Wohlgefühl und sozialer Bindung zu tun haben. Wenn Sie also Ihren Hund während eines Gewitters streicheln, senkt das zwar möglicherweise nicht den mit Stress einhergehenden Kortisolspiegel, aber es passiert möglicherweise trotzdem etwas Gutes.

Im Gegenteil, es ist ganz einfach nicht möglich, dass Ihr Hund beim nächsten Gewitter noch mehr Angst haben wird, wenn Sie ihn streicheln. Warnungen, Sie würden Ihren Hund durch solche Trostversuche verderben, sind Reminiszenzen an den aus den 1930er und 1940er Jahren stammenden Ratschlag, man sollte ängstliche Kinder nicht durch Auf-den-Arm-Nehmen trösten. Psychologen haben diese Ansicht schon vor langer Zeit wieder verworfen, als die Wissenschaft klar erkannte: Eltern zu haben, auf die man zählen kann, wenn das Leben beängstigend wird, schafft mutige, stabile Kinder und nicht etwa abhängige oder ängstliche.

Ein klassischer Weg

Der größte Schaden, der durch die veraltete Anweisung »den Hund nicht streicheln« angerichtet wird, hat nichts mit Gewittern zu tun, sondern mit den Fallstricken, die sich bei dem Versuch auftun können, klassische Gegenkon-

---

[2] J .S. J. Odendaal & R.A. Meintjes, 2003. »Neurophysiological correlates of affiliative behaviour between humans and dogs.« *The Veterinary Journal* 165: 296-301.

ditionierung zu erklären. Die klassische Gegenkonditionierung kann ein sehr effektiver Weg zur Verhaltensänderung sein, weil sie die Gefühle verändert, die das Verhalten überhaupt erst bedingen. Einem Hund, der Angst vor fremden Menschen hat, von Besuchern Leckerchen hinwerfen zu lassen, ist ein typisches Beispiel dafür aus der angewandten Tierverhaltenskunde.

Verständlicherweise hat schon so mancher Kunde gefragt: »Aber macht es die Sache nicht noch schlimmer, wenn er Leckerchen dafür bekommt, dass er bellt und knurrt? Wird dann nicht das schlechte Verhalten belohnt?« Die Antwort lautet nein – nicht, wenn das Verhalten des Hundes von Angst bestimmt ist. Denken Sie daran: Angst macht keinen Spaß, und ein paar Häppchen Futter, so lecker sie auch sein mögen, werden es nicht schaffen, den Wunsch des Gehirns nach dringender Gefahrenvermeidung zu übertrumpfen.

Einem ängstlichen Hund Leckerchen (oder Spielsachen) hinzuwerfen kann ihn lehren, sich nähernde Fremde mit etwas Gutem zu verknüpfen – solange das Leckerchen wirklich sehr, sehr gut ist und der fremde Besucher weit genug auf Distanz bleibt, damit es dem Hund nicht zu viel wird. Die klassische Gegenkonditionierung ist eines der wichtigsten Instrumente in der Werkzeugkiste eines Verhaltensexperten, aber es kann schwierig sein, die Hundebesitzer von ihrer Anwendung zu überzeugen. Es fühlt sich so an, als ob der Hund für sein Fehlverhalten belohnt würde und vor dem Hintergrund der straforientierten Mehrheitsmeinung »Sie müssen dominant über Ihren Hund sein« fällt es manchen Menschen schwer, der Handlungsanweisung zu folgen. Aber mit genau diesem Vorgehen heilte ich vor vielen Jahren auch einen weiteren Border Collie, meine Pippy Tay, als sie plötzlich Angst vor Gewittern entwickelte.

Donnerleckerchen

Jedes Mal, wenn ein Gewitter aufzog, rannten Pippy und ich nach draußen und spielten Ball. Pip liebte das Ballspielen und ich wollte, dass sie die guten Gefühle, die sie beim Fangen eines Balls empfand, mit dem fallenden Barometer verknüpfte. Wenn das Gewitter dann losging, gingen wir ins Haus und ich fütterte ihr bei jedem Donnern ein Stückchen Fleisch, egal, wie sie sich gerade verhielt. Ich machte mir keine Gedanken um ihr Verhalten, sondern konzentrierte mich auf ihre inneren Gefühle, die das Verhalten auslösten.

Ich setzte das Donnern sogar unter Signal. »Oh toll, Pippy, du bekommst Donnerleckerchen!« sagte ich jedes Mal, wenn wir ein Donnergrollen hörten. Ich kann Ihnen sagen – um drei Uhr morgens kamen mir diese Worte nur ungern zwischen den zusammengebissenen Zähnen hervor, aber zwei Sommer lang zwitscherte ich ihr etwas über Donnerleckerchen vor, zog die Nachttischschublade auf und fütterte Pip nach jedem Donnerschlag. Am Ende des Sommers hörte Pip damit auf, mein Gesicht in dem Versuch zu verschrammen, auf der Flucht vor dem Gewitter panisch in meinen Mund hineinkriechen zu wollen. Sie begann mäßig laute Gewitter zu verschlafen und wachte nicht einmal mehr zum Betteln um Leckerchen auf, wenn es donnerte. Wenn es sehr laut wurde, kam sie zu mir herüber, aber nur mit einem Bruchteil der Panik, die sie früher gezeigt hatte.

Im Interesse lückenloser Berichterstattung sollte ich auch mitteilen, dass ich selbst in dem Maße, wie Pips Verhalten sich besserte, in die entgegengesetzte Richtung konditioniert wurde. Ich begann Gewitter zu hassen, weil selbst die schwächsten von ihnen mich zum Wachbleiben zwangen, um Pip nach jedem Donnern ein Leckerchen geben zu können. Und jetzt, wo Pip nicht mehr ist, sieht es so aus, als ob ich mit Lassie das Ganze noch einmal von vorn beginnen müsste. Seufz. Vielleicht sollte ich mir selbst immer dann, wenn ich Lassie ein Leckerchen gebe, ein Stückchen Schokolade gönnen.[3]

Angst ist ansteckend

Es wäre nachlässig von mir, den einzigen Weg, auf dem man die Angst eines ängstlichen Hundes tatsächlich verschlimmern kann, nicht zu erwähnen – nämlich den, selbst Angst zu haben. Das Gefühl der Angst ist so zwanghaft stark, dass es sich leicht weiterverteilen lässt. »Gefühlsansteckung« ist der ethologische Fachbegriff für diese virusartige Ausbreitung von Angst innerhalb einer Gruppe und sie ist unter sozial veranlagten Arten weit verbreitet.

---

[3] Klassische Gegenkonditionierung ist eine von vielen Möglichkeiten, wie man Hunden mit Gewitterangst helfen kann. Ich habe einige der folgenden Methoden mit gutem Erfolg ausprobiert – entweder einzeln, oder, wie in Pippy Tays Fall, in Kombination mit anderen Methoden: Pheromontherapie, Körperbandagen, Akupunktur, Akupressur, Futterumstellung und (in schweren Fällen) medikamentöse Behandlung. Falls Ihr Hund Gewitterangst hat, sind Sie gut darin beraten, sich die für Sie und Ihren Hund geeignete Methode von einem Tierarzt oder Verhaltenstherapeuten empfehlen zu lassen.

Wenn Sie möchten, dass Ihr Hund Angst vor Donner, fremden Menschen oder anderen Hund bekommt, reicht es, wenn Sie selbst Angst bekommen. Wenn Sie selbst Angst vor Gewittern haben, ist es durchaus möglich, dass Ihr Hund das übernimmt und selbst auch ängstlicher wird.

Aber auch wenn Sie Angst haben (und wer hat das nicht gelegentlich?) ist nicht alles verloren. Sie können das Ganze beruhigen, indem Sie sich auf Ihren Körper konzentrieren – verlangsamen Sie Ihre Atmung und Ihre Bewegungen, nehmen Sie eine entspannte und Vertrauen ausstrahlende Körperhaltung ein und sprechen Sie leise und langsam (falls Sie überhaupt sprechen). Diese Aktionen haben den wohltuenden Effekt, sowohl Ihre eigenen Gefühle als auch die Ihres Hundes zu verändern. Je ruhiger zu sein Sie vorgeben, desto ruhiger werden Sie sich tatsächlich fühlen.

Genau das rief ich mir letzte Nacht ins Gedächtnis, als ich »Oh toll! Donnerleckerchen!« gurrte und Lassie mit Leckerchen vom Nachttisch fütterte. Dabei hatte ich wesentlich mehr Grund zum Angsthaben als sie – sie wusste ja nicht, dass der Keller gerade überschwemmt wurde, dass die den Hügel herabdonnernde weiße Gischt unsere Scheune mitzureißen drohte und die Straßen rund um uns herum überspült wurden. Alles was sie wusste war, dass jeder Donnerschlag ein Stück Hühnchenfleisch ankündigte und dass ich das anscheinend für ein tolles Spiel hielt. Sie beruhigte sich relativ schnell, während ich noch stundenlang wach dalag. Ich glaube, es ist wirklich an der Zeit, dass ich mir etwas Schokolade in die Nachttischschublade lege. Wenn meine Freunde demnächst feststellen, dass ich ganz schön zugenommen habe, wissen sie, dass es ein sehr gewitterreicher Sommer war.

Und sie denken doch

Die Lernfähigkeit von Hunden

Vor gar nicht allzu langer Zeit hatte ein Philosophieprofessor zu einem meiner Studenten gesagt, Tiere seien nicht zum Lernen fähig. Am gleichen Tag erzählte mir eine Kundin, ihr Hund würde spüren, wenn die penible Mutter bald zu Besuch kam und dann stets die Reste um seinen Futternapf herum zusammenscharren. Sie dachte, ihr Hund hätte gelernt, dass ein sauberes Haus bei Besuchen von Mama wirklich wichtig war und deshalb aufzuräumen versuchte, bevor sie eintraf.

Diese gegensätzlichen Ansichten zu den Lernfähigkeiten von Tieren spiegeln unsere kollektive Verwirrung dazu wider, was im Kopf unserer nicht-menschlichen besten Freunde vorgeht. Es ist doch verrückt, dass wir so eng mit unseren Hunden zusammenleben und sie trotzdem als kaum mehr als entweder reine Automaten oder als kleinwüchsige Menschen mit Fell betrachten.

Nun sind die oben genannten Beispiele Ihrer Meinung nach vielleicht echte

Extremfälle, aber ich höre immer wieder solche Kommentare von beiden Enden der Meinungs-Bandbreite. Kürzlich berichteten mir Freunde, dass ihre Schwägerin, eine hoch gebildete und nicht auf den Mund gefallene Frau, auf einem Familientreffen gesagt habe, Tiere könnten nicht lernen. Als sie die erstaunten Gesichter der anderen sah, hätte sie ihre Behauptung teilweise zurückgenommen und hinzugefügt: »Außer Schimpansen natürlich.« Als meine hundelieben Freunde sie weiterhin verständnis- und sprachlos anstarrten, ergänzte sie noch: »Und natürlich ein paar Hunden.«

»Ein paar Hunde.« Nicht alle Hunde, nur einige von ihnen. Meine Güte. Ich bin schockiert, dass man wirklich irgendjemanden erklären muss – und selbst wenn er in einer Höhle hausen und sich von Wurzeln und Knollen ernähren würde – dass Hunde lernen können. Wie um alles in der Welt kann jemand nicht wissen, dass *alle* Tiere lernen können? Schließlich hätten wir ohne all die Hunderte und Tausende von Ratten, Tauben und glücklosen Plattwürmern niemals die universellen Prinzipien der Lerntheorie herausklamüsert. Tiere (sogar einzellige Arten) lernen nicht nur, sondern der Lernprozess ist auch immer mehr oder weniger der gleiche, egal, ob Sie eine Taube, ein Strudelwurm oder ein Philosophieprofessor sind.

Ich bin nicht sicher, an welcher Stelle wir als Naturkundelehrer versagen, aber die Tatsache, dass Tiere lernen können, sollte doch Allgemeinwissen sein. Ich nehme aber an, ich sollte nicht überrascht sein, dass es nicht so ist. Umfragen haben ergeben, dass es Amerikanern bitterlich an Wissen über Tiere mangelt, trotz ihrer großen Tierliebe. Ein beträchtlicher Prozentsatz von ihnen sortiert Vögel und Insekten noch nicht einmal in die gemeinsame Kategorie »Tiere« ein. Seufz.

Vielleicht wären wir besser dran, wenn wir in den naturwissenschaftlichen Fächern ein bisschen weniger Mathematik und ein bisschen mehr Psychologie und Ethologie unterrichten würden. Nicht etwa, dass ich etwas gegen Mathe hätte – ich *liebe* Algebra und Differenzialrechnung – aber mir wäre lieber, wenn mein Nachbar wüsste, dass Hunde lernen können (und dass Insekten Tiere sind) als dass er eine Quadratgleichung lösen könnte.

Trotzdem müssen wir uns davor hüten, zu weit ans entgegengesetzte Ende des Meinungsspektrums zu geraten. Nur weil Hunde lernen können heißt das nicht, dass sie die ihnen manchmal zugeschriebenen Einsteinschen geistigen Fähigkeiten besitzen. Ich bezweifle, dass selbst der genialste aller Hunde in Erwartung eines Besuches von Frauchens Mutter damit beginnen würde, den Boden um seinen Futternapf herum sauber zu wischen, selbst wenn Mutter mit weißen Handschuhen und Staubwedel eintreffen würde. Wir tun Hunden keinen Gefallen, wenn wir ihnen Lernfähigkeit auf menschlichem Niveau zuschreiben. Hunde verdienen es, genau das zu sein, was sie sind – einfach Hunde. Ihnen mehr Wert zumessen zu wollen, indem man sie so menschenähnlich wie möglich macht, zeugt weder von Respekt ihnen gegenüber noch ist es hilfreich.

Wissenschaftler, die sorgfältige und kontrollierte Versuche zum Lernen und zur Problemlösung von Hunden durchführen, sind rar und verdienen unsere Aufmerksamkeit und Unterstützung. Auch in der Wissenschaft führt zu große Vertrautheit offensichtlich leicht zur Missachtung – Forschungsgelder für Studien zum Hundeverhalten auftreiben zu wollen hat sich nur zu oft als Sisyphusarbeit erwiesen. Es gibt über tausend wissenschaftliche Veröffentlichungen zu Gesang und Rufen von Rotschulterstärlingen. Als ich zuletzt nachsah, gab es etwa zwanzig zur Vokalisation bei Hunden. Seit Neuestem aber wird auch dem Verhalten des Haushundes einiges ernsthaftes wissenschaftliches Interesse entgegengebracht. Solche Studien werden uns dabei helfen, beide Denkextreme zu vermeiden – dass Hunde weder Roboter noch vierbeinige Menschen mit schlechten Reinlichkeitsmanieren sind. Hier sind zwei solcher Studien, auf die ich Sie hinweise, um Ihnen Appetit auf mehr zu machen und um eine sinnvolle Diskussion über das geistige Leben von Hunden anzuregen.

In der ersten Studie geht es um den sogenannten Übereinstimmungstest, in der englischen Wissenschaftssprache als »Non-matching to sample test« bezeichnet. In diesem Experiment lernt ein Tier zuerst, auf ein bestimmtes Objekt zu reagieren, nehmen wir an auf einen Holzwürfel. Nachdem diese Reaktion etabliert ist, werden dem Tier zwei Gegenstände gezeigt: Der eine davon ist der bekannte Holzwürfel und der zweite ein unbekannter, nehmen wir einmal an ein Plastikball. Um die Futterbelohnung zu bekommen, muss das Tier lernen, auf den neuen Gegenstand zu reagieren, in diesem Fall auf den Plastikball. Das ist der »non-matching« (nicht übereinstimmende) Teil der Aufgabe: Das Tier muss auf den anderen Gegenstand reagieren, um belohnt zu werden. Schimpansen und Kinder begreifen das ziemlich schnell, aber Hunde sind erstaunlich langsam dabei. Sie brauchen Hunderte von Versuchen, bis sie endlich den Gegenstand wählen, der anders ist als der, mit dem sie zuerst trainiert hatten.[4]

Eine mögliche Deutung dieser Ergebnisse ist, dass Hunde, die armen kleinen Dinger, einfach nicht so schlau sind wie Primaten und nicht in der Lage sind, ein so abstraktes Konzept wie »verschieden« zu begreifen. Als man aber den Versuch wiederholte und die Unterscheidung auf die Räumlichkeit bezog anstatt auf den Gegenstand (das Tier sollte die rechte Seite wählen, wenn es zuvor trainiert worden war, auf die linke zu reagieren), hatten die Hunde kaum Schwierigkeiten, die richtige Wahl zu treffen. Es scheint so, als hätten Hunde kein Problem mit dem Konzept »verschieden«, wenn es nur auf eine Art und Weise präsentiert wird, die für sie Bedeutung hat.

Menschen zeigen die gleiche selektive Fähigkeit und lösen Probleme nur dann effizient, wenn diese in Begriffen oder Symbolen ausgedrückt werden, die für sie von Bedeutung sind. Ich habe dieses spezielle Experiment als Beispiel ausgewählt, weil es so gut daran erinnert: Wie etwas gelernt wird, ist universell, aber was leicht gelernt werden kann, wird von Genetik, Naturgeschichte und Erfahrung bestimmt.

Genau das ist auch der Grund dafür, dass Sie einem Hund leichter »Sitz« beibringen können als »Bei Fuß«, egal, welche Methode Sie anwenden. Hunde brauchen Ihre Anleitung nicht, um zu wissen, wie man sich hinsetzt. Was wir »dem Hund Sitz beibringen« nennen, ist genauer gesagt »dem Hund Sitz auf Signal beibringen«. Das Gehen bei Fuß ist aber eine ganz andere Sache. Hunde gehen nicht miteinander im gleichen Tempo Seite an Seite spazieren, wie Primaten das tun. Das heißt natürlich nicht, dass wir einem Hund nicht beibringen könnten, bei Fuß zu gehen – Millionen von Menschen haben es geschafft, dass ihre Hunde genau das wunderbar tun. Wenn Sie ein gutes Timing haben und wissen, wie man positive Bestärkung einsetzt, ist es noch nicht einmal besonders schwierig. Aber egal, wie gut Sie als Trainer sind: Sie können »bei Fuß« nie so schnell trainieren wie »Sitz«, weil es kein Verhalten ist, das für Hunde relevant oder natürlich ist.

---

[4] Mehr zu dieser Studie lesen Sie in Stephen Budiansky, *The Truth About Dogs*.

Was dagegen für Hunde relevant und natürlich ist, stand im Mittelpunkt des Interesses einer zweiten Studie, die die Aufmerksamkeit aller Hundehalter verdient. Wissenschaftler in Harvard und am Max-Planck-Institut[5] verglichen die Fähigkeit von Welpen, Hunden, Wölfen und Schimpansen, menschliche Zeigegesten beim Finden von Futter zur Hilfe zu nehmen. Spannenderweise stellten sich die Welpen und Hunde in dieser Hinsicht als viel begabter heraus als die anderen Testsubjekte. Wenn ein Mensch in Richtung des Futters schaute, zeigte oder auf den Boden klopfte, lösten die Welpen und Hunde die Aufgabe mit einer weit höheren Trefferquote, als sie durch Zufall erklärbar wäre. Ihre Leistung war wesentlich besser als die der Wölfe, denen man überlegenere Problemlösungsfähigkeiten zuspricht und von denen man deshalb hätte erwarten können, dass sie besser sein müssten als Hunde (und erst recht besser als dumme kleine Welpen). Die Hunde stachen auch die Schimpansen aus, die ja immerhin unsere nächsten Verwandten sind und von denen man erwarten könnte, dass sie auf menschliche Gesten besonders gut reagieren würden.

Man kann dies nicht wirklich als eine Studie zum Lernverhalten bezeichnen, weil die Wissenschaftler während der gesamten Tests keinen Hinweis auf Lernen fanden. Die Hunde und selbst die ganz jungen Welpen schienen schon zu Beginn der Tests darauf vorprogrammiert zu sein, auf das Verhalten der im Raum anwesenden Menschen zu achten. Bei Wölfen und Schimpansen, selbst denjenigen, die viele Jahre mit Menschen zu tun gehabt hatten, war das nicht der Fall. Die Wissenschaftler, die diese Studie leiteten, nehmen an, dass der Prozess der Domestikation beim Haushund irgendwie einen höheren Grad an »sozial-kognitivem« Bewusstsein herausselektiert hat. Aber egal, woher diese einzigartige Fähigkeit stammt – sie erinnert uns einmal mehr daran, dass jede Spezies die Welt durch den Filter ihrer eigenen Wahrnehmung sieht.

Je besser wir unsere Hunde verstehen können und begreifen, was für sie bedeutsam ist und was nicht, desto besser können wir für sie sorgen, sie lieben und ihnen eine Umgebung schaffen, in der sie gedeihen können. Natürlich werden wir unsere Hunde nie ganz und gar verstehen, genauso wenig wie wir auch ein anderes menschliches Wesen nie ganz und gar verstehen werden.

---

[5] Hare, Brian; Brown, Michelle; Williamson, Christina und Tomasello, Michael, »The domestication of social cognition in dogs«, in: Science, Vol. 28, 2002.

Aber, so glaube ich, es ist eine gute Sache, dass wir uns alle zusammen um bessere Einblicke in den Kopf unserer Hunde bemühen können, obwohl wir uns bewusst sind, dass wir niemals genau wissen werden, wie es ist, ein Hund zu sein. Dieses Paradox hat eine gewisse bittere Süße – wir müssen akzeptieren, dass wir noch viel zu lernen haben, dass es aber auch vieles gibt, das wir niemals wissen werden.

Vereinfachende Auffassungen von Hunden – dass sie nur Bündel aus Instinkt und verstandesloser Reaktion sind oder dass sie vierbeinige Kinder mit Fell sind – mögen für den ein oder anderen befriedigend sein, aber viele von uns werden die Befriedigung wohl eher irgendwo in der unklaren Mitte finden. Sie kann manchmal verwirrend sein, diese Erkenntnis, dass Hunde uns in vieler Hinsicht sehr ähnlich sind und in anderer so sehr verschieden. Aber lassen wir uns von dem Wissen trösten, dass es gut und richtig ist, wenn wir Hunden eine Komplexität zugestehen, die von einem vereinfachenden Denken nicht zugelassen wird. Wie sonst könnten wir ihnen den Respekt entgegenbringen, den sie verdienen?

Lasst den Worten Taten folgen

Was verstehen Hunde, und wie verstehen sie es?

Alex, der berühmteste Afrikanische Graupapagei der Welt, starb am 06. September 2007. Seitdem ist die Welt ein wenig ärmer.

Vielleicht fragen Sie sich nun, wieso eine Abhandlung über Hundeverhalten mit Gedenkzeilen an einen Graupapagei beginnt, aber es gibt eine wichtige Verbindung zwischen dem Verhalten von Alex und dem Ihres Hundes. Es waren Alex und sein Mensch, Irene Pepperberg, die unsere Vorstellung davon, was im Verstand eines Tieres – einschließlich des zu Ihren Füßen liegenden pelzigen besten Freundes – vorgeht, erheblich erweitert haben.

Als Pepperberg 1977 damit begann, Alex den Gebrauch von Worten zur

Kommunikation beizubringen, war der allgemeine Konsens der, dass man Tieren beibringen könne, Lautfolgen mit Gegenständen zu assoziieren (»Geh, hol deinen Ball«), nicht aber mit Konzepten. Konzepte sind Abstraktionen, die nur im Inneren Ihres Gehirns existieren. Versuchen Sie zum Beispiel einmal, ein »größer« aufzuheben oder jemand ein »anderes« zum Geburtstag zu schenken.

Die damals vertretene Meinung war, dass Tiere nur auf etwas reagieren könnten, das sich direkt vor ihnen befand und dass sie nicht zu der Art kognitiver Gehirngymnastik in der Lage seien, die für Abstraktionen erforderlich ist. Pepperbergs Forschungen lehrten uns aber, dass Alex Worte nicht nur zur Bezeichnung von Form und Farbe von Gegenständen benutzen konnte (»Alex, such das blaue Dreieck unter den anderen Gegenständen im Behälter heraus«), sondern auch wenig Probleme damit hatte, Konzepte wie »anders« oder »größer« zu begreifen (»Alex, welche Farbe hat der Gegenstand, der eine andere Form hat als alle anderen?«).

Alex' Denkprozesse und die Art und Weise, wie er sie mitteilte, gingen weit über die Beantwortung von Fragen hinaus, die ihm während der Trainingsstunden gestellt wurden. Eines Tages fragte Alex, als er in den Spiegel schaute: »Welche Farbe?« Bedenken Sie – Alex war dazu trainiert worden, Fragen zu beantworten, nicht, welche zu stellen! Als die überraschten Trainer »grau« antworteten, war Alex anschließend in der Lage, auch andere graue Dinge zu identifizieren.

Das war nicht das einzige Mal, dass Alex seine Trainer überraschte. Ich muss immer noch schmunzeln, wenn ich an das Video denke, das ich von Alex und einer ungeduldigen Trainerin bei der Arbeit gesehen hatte. Nach einigen Kommunikationsversuchen, die offensichtlich für Person und Papagei gleichermaßen frustrierend waren, platzte Alex in einem überraschend deutlichen Bronx-Akzent heraus: »Hau ab!«

Die absolut fesselndste Vokalisierung des Vogels aber fand statt, als Pepperberg ihn zum ersten Mal in einer Tierklinik allein lassen musste. Als sie wegging, sagte Alex mit leiser und weicher Stimme: »Es tut mir leid. Ich liebe dich. Es tut mir leid.« (Dieses Wissen hat es mir hundert Mal schwerer gemacht, meine Hunde in der Tierklinik zurückzulassen, und ich gebe es an

Sie mit meinem eigenen leisen »Tut mir leid« weiter. Unwissenheit kann manchmal in der Tat ein Segen sein.)

Zu der Zeit, als Pepperberg mit Alex zu arbeiten begann, vermutete man, dass bestimmte andere Tierarten einfache Konzepte verstehen könnten, aber erst während der letzten zwanzig Jahre wurde diesem Thema die Aufmerksamkeit zuteil, die es verdiente. Wir fanden heraus, dass viele Tiere – einschließlich Ratten, Tauben und einem Überraschungsstar in der Kognitionsforschung, dem Oktopus (ehrlich!) – Konzepte wie »anders« oder »größer« funktional benutzen können.

Was aber ist mit unseren Hunden? Wenn ein Oktopus das Konzept »anders« verstehen kann, können es unsere Hunde doch bestimmt auch. Oder? Noch bis vor ganz Kurzem hinkte die Forschung zu unseren besten Freunden weit hinter der zu Primaten und Laborratten hinterher. Offensichtlich gilt die Redensart »allzu große Vertrautheit erzeugt Verachtung« in der Wissenschaft genauso wie im übrigen Leben. Jetzt aber werden Hunde endlich zu heißen Themen in der Kognitionsforschung – schauen Sie nur einmal beispielsweise in den letzten Ausgaben der Zeitschrift *Journal of Comparative Psychology* nach.

Hier ein wenig darüber, was wir bis jetzt herausgefunden haben. Die Wissenschaft bestätigt, dass Hunde auch Konzepte wie »größer« und »anders« funktional nutzen können. Und wichtiger noch: Man kann ihnen auch die vorher schon erwähnte Prozedur namens »Non-matching to sample test« beibringen. In diesem Experiment bekommt der Hund einen Gegenstand gezeigt, unter dem ein Stück Futter liegt. Er darf den Gegenstand bewegen und das Futter darunter hervorholen. Dann werden ihm nach einem variierenden Zeitraum, zum Beispiel nach zehn Sekunden, zwei Gegenstände gezeigt. Einer davon ist der Gleiche wie zuvor, der zweite ein anderer. Die »richtige« Wahl ist jetzt der andere Gegenstand.

Als die Forscher diesen Versuch zum ersten Mal durchführten, versagten die Hunde kläglich. Auch nach Hunderten von Versuchen waren sie immer noch nicht in der Lage, den anderen Gegenstand zu identifizieren. Rhesusaffen dagegen begriffen das Prinzip ziemlich schnell. Als die Wissenschaftler aber die Versuchsanordnung änderten und von den Hunden verlangten, einen

Gegenstand an einer anderen Stelle zu wählen, verwandelten sich unsere besten Freunde in akademische Überflieger und gaben in neunzig Prozent der Fälle die richtige Antwort – selbst, wenn der Zeitraum zwischen dem Zeigen der Gegenstände zwanzig Sekunden betrug.

Und genau das ist die Stelle, an der die Betrachtungen über die Kognition das Terrain der Forschungslabore verlassen und sich in Ihrem Wohnzimmer niederlassen. Was glauben Sie – wie viele der Worte, die Sie benutzen (egal ob sie Handlungen, Gegenstände oder Konzepte benennen) kennt Ihr Hund? Die Antwort darauf könnte komplizierter ausfallen, als man meinen könnte. Lassen Sie mich das anhand einer kleinen Geschichte illustrieren.

Gestern Abend übten mein junger Border Collie Will und ich, wie an so vielen Abenden, an der Verbesserung seiner Fähigkeit zum Benennen von Gegenständen. Er ist der schnellste Hundelehrling, den ich je hatte – und das will etwas heißen, denn ich hatte viele andere Hunde, wovon sieben Border Collies waren. Will lernte in weniger als fünf Minuten, sich für eine Akupunkturbehandlung auf die Seite zu legen. Ein Vorderbein auf Signal hin nach vorn auszustrecken lernte er schneller, als ich darüber schreiben kann. Ich kann ihm fünf Minuten, nachdem er in fast zweihundert Metern Entfernung sein Spielzeug fallen gelassen hat, »Hol dein Spielzeug« sagen und er bringt es sofort zurück. Kurzum, er ist einer dieser »Boah«-Hunde, die jedes Training wie ein Kinderspiel erscheinen lassen.

Wenn ich ihn aber bitte, seinen »Ring« oder »Ball« aus anderen Gegenständen herauszusuchen, sieht er aus wie ein echter Schwachkopf. Drei Wochen lang habe ich ihn für das Berühren eines Spielzeugs bestärkt, nachdem ich dessen Namen gesagt hatte. Ich begann mit immer nur einem Gegenstand, sagte dann »Ring« oder »Ball« und bestärkte die richtige Reaktion mit Leckerli oder Spiel. Ich wiederholte das Hunderte Male, und wenn das einzig sichtbare Spielzeug das ist, nach dem ich frage, liegt er – was kaum überrascht! – immer richtig. Kürzlich legte ich zwei Gegenstände auf den Boden und fragte nur nach einem von ihnen. Anfangs machte ich ihm die richtige Wahl leichter, indem ich den »richtigen« Gegenstand näher zu ihm hin legte und den »falschen« weiter weg. Aber sobald Will eine echte Auswahlmöglichkeit hat, ist seine Genauigkeit dahin und seine Reaktionen werden vollkommen zufällig. Er wählt begeistert einen Gegenstand, und wenn ich dann langsam verneinend meinen Kopf schüttle, sieht er aus als würde man die Luft aus ihm herauslassen. Immer und immer wieder versucht er verzweifelt herauszufinden, was ich von ihm möchte. Eine Zeitlang wählte er immer die Stelle aus, an der er zuletzt bestärkt wurde. Als er merkte, dass es nicht das war, was verlangt wurde, legte er sich mit dem Kopf auf den Pfoten hin.

Ich hätte nicht geglaubt, dass es so schwierig sein könnte, ihm die Worte »Ring« und »Ball« beizubringen. Immerhin hebt er ohne jedes Zögern einen Gegenstand auf, wenn ich »Hol dein Spielzeug« sage. Wie schon erwähnt, wissen wir bereits seit Jahren, dass Hunde Geräusche zur Bezeichnung von Gegenständen nutzen können (vielleicht haben Sie ja auch selbst einen Hund, der seinen Ball bestens von seinem Zerrseil unterscheiden kann). Der berühmte deutsche Border Collie Rico kennt nicht nur die Namen von über zweihundert Gegenständen, sondern konnte in einem sorgfältig überwachten und kontrollierten Versuch auch einen unbekannten Namen mit einem unbekannten Gegenstand in Verbindung bringen. Wie um alles in der Welt kann es also sein, dass mein schlauer kleiner Hund so langsam lernt?

Ich glaube, Wills Schwierigkeiten haben mit Konzepten zu tun. Bevor ich damit begann, ihm das Aussuchen eines Gegenstands unter mehreren beibringen zu wollen, hatten alle meine Lautäußerungen, die ich Will gegenüber gemacht hatte, immer mit Aktionen zu tun: Platz. Geh zu (beim Schafehüten). Warte. Diener. Hol dein Spielzeug (Geh und hol irgendwas). Es sah so aus, als ob er verstanden hätte, dass »Spielzeug« sich auf seine Spielsachen bezog – außer, als ich experimentierte und »Geh hol dein _____« sagte und er sofort den am nächsten liegenden Gegenstand aufhob. Als ich »Geh hol dein Känguruh« sagte, zögerte er einen Moment und hob dann das am nächsten liegende Spielzeug auf.

Hier noch ein anderes Beispiel: Will hat mich schon oft in fröhlicher, munterer Stimme fragen gehört: »Wo ist Jim?« Ich fragte ihn das jedes Mal mit Begeisterung, wenn der von uns beiden favorisierte Mann auf der Farm ankam. Kürzlich fragte ich dann einmal »Wo ist Jim?«, während Jim neben uns auf der Couch saß. Sie ahnen es: Will rannte zum Fenster und tanzte aufgeregt hin und her. Was also anfangs aussah wie das Verstehen eines Namens, ist in Wirklichkeit nur eine Verknüpfung von Lautäußerungen und Handlungen.

Dingen Namen zu geben erscheint uns als ein sehr einfaches Konzept – aber sicher erinnern sich viele von uns an die Szene aus dem Film *Helen Keller,* als Helen nach Phasen unendlicher Frustration endlich begreift, dass das Zeichen, das man sie zu lehren versucht, für das über ihre Hand rinnende kalte Wasser steht. Eine weitere erschütternde Geschichte wird in dem Buch *Ein Leben ohne Worte* von Susan Schaller erzählt. Sie beschreibt einen taubstummen Mann, dem man selbst die einfachsten Kommunikationsmöglichkeiten niemals beigebracht hatte. Er bricht in Tränen aus, als er zum ersten Mal versteht, dass Dinge bezeichnet werden können und dass Zeichen dazu benutzt werden können, sich mit anderen über diese Dinge auszutauschen.

Ich bin mir sicher, dass auch Will irgendwann seinen »Helen Keller-Moment« erleben wird, aber in der Zwischenzeit erinnern uns seine Bemühungen daran, dass es weiterhin eine Herausforderung bleibt, die Vorgänge im Gehirn eines Hundes verstehen zu wollen. Es ist wichtig zu wissen, welche Konzepte Hunde verstehen können und welche nicht. Denken Sie daran und betrachten Sie die folgenden Fragen als wunderbare Möglichkeit, sich selbst und Ihren Hund während der letzten langen, kalten Wintertage auf unterhaltsame Weise zu beschäftigen: Wie viel von dem, was Sie sagen, versteht Ihr Hund? Was könnten Sie tun, um das herauszufinden? Welche Art von alltäglichen Konzepten versteht Ihr Hund? Versteht Ihr Hund, dass die von Ihnen benutzten Worte sowohl für Handlungen als auch für Gegenstände stehen können? Können Sie Ihrem Hund beibringen, »größer« von »kleiner« zu unterscheiden? Vielleicht erhalten Sie einige klare Antworten, vielleicht werfen Sie auch ganz neue Fragen auf – aber was auch immer passiert, Sie werden den Kopf Ihres Hundes (und Ihren eigenen!) beschäftigen und unterhalten, bis es wieder Frühling wird!

Ehrlich währt der Hund am längsten

Über die Wahrheitsliebe von Hunden

Ich war an diesem Tag dienstlich im Tierheim und eilig unterwegs, um einen Hund zu begutachten und einen Vortrag zu halten. Als ich so die Zwingerreihen entlanglief, achtete ich nicht auf die Hunde rechts und links von mir – bis ein Gesicht mich so abrupt zum Stehen brachte, als ob es durch die Gitterstäbe gegriffen und mich an der Bluse gepackt hätte. Große braune Augen umrahmt von cremefarbenem Fell. Seidige Ohren. Ein Stückchen rosiger Zunge unter einer feuchten, schwarzen Nase hervorlugend. »Wer ist *sie* denn?«, fragte ich, als ich leicht schlitternd zum Stehen kam. »Sie hat so ein ehrliches Gesicht.«

»Sie« war Lacey, ein ausgesetzter Colliemischling, und ihr Gesicht brachte zwar nicht wie das der antiken Helena von Troja Tausende Schiffe auf See, wohl aber bewirkte es umfangreiche Bemühungen zu ihrer Rettung, die nicht endeten, bis sie erfolgreich in ein neues Zuhause vermittelt war. Irgendetwas war da in ihrem Gesicht, das mich auf der Stelle anhalten ließ und mich in einem einzigen Moment zu dem Entschluss brachte, sie nicht nur zu retten, sondern auch die perfekte neue Familie für sie zu finden.

Es ist schwer zu beschreiben, was daran mich so fesselte, aber es hatte viel damit zu tun, was manche ein »ehrliches Gesicht« nennen. Auch ich selbst benutze diesen Ausdruck oft, obwohl es mir schwerfällt, ihn genau zu definieren. Es erinnert mich ein bisschen an die vielen erfolglosen Versuche unserer Gesellschaft, wertvolle Kunst und geschmacklose Erotikdarstellung in klar voneinander getrennte Kategorien zu packen: Wir können nicht genau sagen, wo der Unterschied liegt, aber wir erkennen ihn, wenn wir die Bilder vor uns sehen. Die beste mir mögliche Beschreibung eines »ehrlichen« Hundegesichts ist, dass es entspannt aussieht, wohlwollend und offen, so wie die Gesichter von Menschen, die Ehrlichkeit und Wohlwollen auszustrahlen scheinen.

Tja, und hier ist der Knackpunkt. Ehrliche Menschen ja, aber ehrliche Hunde? Wir wissen mit Gewissheit, dass Menschen ehrlich oder hinterlistig sein können. Was aber denke ich mir dabei, einem Hund die Qualität »Ehrlichkeit« zuzusprechen? Wenn nur manche Hunde ehrlich sind, folgt daraus, dass manche es nicht sind – und Unehrlichkeit ist eine Eigenschaft, die man normalerweise ausschließlich Menschen zuschreibt.

Tragen Hunde die Veranlagung zur absichtlichen Täuschung in sich? Sicher gibt es gute Gründe für die Annahme, dass sie die nicht haben. Unehrlichkeit mag in unserer eigenen Spezies verbreitet sein, aber der Vorgang des Lügens ist kompliziert und setzt nicht gerade wenig Gehirnschmalz voraus. Nehmen wir zum Beispiel an, Sie befinden sich in einem Antiquitätenladen und werfen eine wertvolle Vase herunter. Weil Sie wissen, dass die Vase mehr kostet, als Sie je zahlen könnten, lügen Sie den Ladenbesitzer an, wenn er Sie fragt, ob Sie das waren. Nun schauen Sie einmal, was diese Lüge alles beinhaltet – ein abstraktes Verständnis der Konsequenzen für die Zukunft, wenn Sie zugeben, die Vase zerbrochen zu haben (Wenn ich die Vase bezahle, kann ich meine Kreditrate nicht mehr bezahlen und verliere dann vielleicht mein Haus ...) und das Bewusstsein, dass der Ladenbesitzer, dessen Verstand ganz ähnlich wie Ihr eigener funktioniert, zu Ihrem Vorteil manipuliert werden kann.

Zu verstehen, dass andere ihre eigene Sicht der Dinge haben, ist keine unerhebliche Leistung. Kinder entwickeln diese Fähigkeit nicht, bevor sie etwa vier Jahre alt sind – wenn Sie einem Zweijährigen sagen, dass er sich vor Papa verstecken soll, wird er sein Gesicht mit den Händen bedecken. In diesem Alter ist er noch der Meinung: Wenn ich Papa nicht sehen kann, kann Papa mich auch nicht sehen. Ab vier oder fünf Jahren beginnen Kinder aber zu verstehen, dass alle anderen ein ganz ähnliches Geistesleben haben wie sie selbst und können sich vorstellen, wie die Welt aus der Sicht anderer aussieht. Mit anderen Worten: Es findet Denken statt (wozu der Meinung der meisten, aber nicht aller Menschen nach auch Hunde fähig sind) und dann Denken über das Denken, von dem wir nicht wissen, ob Hunde es können oder nicht.

In seinem Buch *The Truth About Dogs* behauptet Stephen Budiansky, dass Hunde es nicht können. Er sagt nicht, dass Hunde keinerlei Gedanken hätten, sondern nur, dass Hunde nicht über die Gedanken anderer nachdenken könnten. Andere argumentieren für das exakte Gegenteil. In *Wie Hunde denken und fühlen* führt Stanley Coren Beispiele an, die seiner Meinung nach bewusstes Täuschungsverhalten bei Caniden belegen. In einer seiner Geschichten nutzt eine Hündin die kurze Abwesenheit des anderen Hundes aus dem Raum, um das Schweineohr zu stehlen, auf dem letzterer gerade herumkaute. Sie legt sich darauf und kaut dann an ihrem eigenen Schweineohr weiter. Der zweite Hund kommt zurück und sucht nach seinem Schweineohr, das sicher unter den Bauch der Hündin weggeschafft wurde. Sie kaut ihr Ohr zu Ende, während der andere Hund noch im Raum ist, streckt dann die Vorderpfoten aus wie ein zufriedener satter Gast in einem Vier-Sterne-Restaurant und bleibt auf ihrem Platz liegen. Sobald der zweite Hund den Raum verlässt, zieht sie dessen Schweineohr unter ihrem Bauch hervor und frisst es in Ruhe auf. Schlaues Mädchen.

Es gibt noch weitere Beispiele dafür, was wie absichtliche Täuschung bei Caniden aussieht. In einer gut dokumentierten Geschichte wurde eine Polarfüchsin ständig gnadenlos von ihren Welpen drangsaliert, wenn sie Futter nach Hause brachte und hatte allmählich selbst großen Hunger. Dann irgendwann, als ihr gieriger und nimmersatter Wurf wieder einmal über sie und das mitgebrachte Beutetier herfiel, hob sie ihren Fang in Richtung des entfernten Horizonts und stieß das kurze, scharfe Warnbellen aus, das für ihre Art so typisch ist. Ihre Kinder stürzten sich sofort in die Sicherheit des unterirdischen Baus – während sie damit aufhörte, dem Phantomjäger weitere Beachtung zu schenken und ihr erstes richtiges Fressen seit Tagen zu sich nahm.

Wir müssen vorsichtig damit sein, Tieren, die wir nicht befragen können, Absichten und gedankliche Prozesse zuzusprechen (»Entschuldigen Sie, Frau Fuchs, aber könnten Sie uns sagen, was Sie sich gedacht haben, als Sie einen offensichtlich Unsichtbaren angebellt haben?«), aber es gibt genügend glaubhafte Berichte von der Art der obigen Begebenheiten, um die Annahme zuzulassen, dass Hunde und ihre Verwandten doch zu einem dehnbaren Umgang mit dem in der Lage sind, was wir Wahrheit nennen. Zumindest manche Hunde manchmal. Was aber auffällt, wenn man nach solchen Geschichten sucht, ist, dass glaubhafte Berichte von unehrlichen Hunden selten sind. Hunde mögen lügen können, aber es sieht nicht so aus, als ob sie es besonders oft tun würden. Einer der Gründe, warum wir Hunde im Vergleich zu unseren Mitmenschen so sehr lieben, ist sicher, dass sie echte Säulen der Wahrheit sind.

Die Debatte darüber, was im Kopf eines Hundes vorgeht, wird noch Jahrzehnte, wenn nicht Ewigkeiten dauern, aber es scheint klar zu sein, dass wir uns zumindest in einigen Dingen sicher sind. Wir wissen, dass der Verstand eines Hundes im Allgemeinen sehr viel einfacher ist als unserer und dazu neigt, sich vor allem auf die Gegenwart zu konzentrieren. Das ist zweifellos einer der Gründe dafür, dass Hunde uns so gut tun – wir neigen dazu, ständig über Vergangenheit und Zukunft nachzugrübeln und müssen jahrelang Meditationstechniken üben, bis wir das beherrschen, was Hunde ganz beiläufig können. Wir wissen außerdem, dass Hunde von Individuum zu Individuum enorm variieren können und dass zum Beispiel manche schlauer darin sind, die Verknüpfung zwischen einem Laut und einem Verhalten zu lernen. Andere sind offenbar besser im Lösen von Problemen. Sie scheinen strategisch vorherplanen zu können, wie ihr Verhalten andere beeinflussen wird und tun alles in ihrer Macht Stehende, um die Situation zu ihrem Vorteil zu verändern.

Dies lässt den Schluss zu, dass die Fähigkeit zur Unehrlichkeit eine kontinuierliche Größe ist. Wir Menschen sind brillant darin, während unsere hündischen Kameraden ungeschickte Anfänger sind. Vielleicht stellen wir uns deshalb vor, Hunde könnten nicht unehrlich sein, weil sie so schlecht darin sind. Wenn ein Hund diese Zeilen schreiben würde, hätte er sie vielleicht »Können

Menschen riechen?« genannt. Schließlich sind unsere Nasen im Vergleich zu denen von Hunden praktisch funktionslos. Wir sind so schlecht darin, sie zu benutzen, dass Hunde sich fragen müssen, ob wir überhaupt dazu in der Lage sind, irgendetwas zu riechen.

In der Zwischenzeit hat Lacey, die Tierheimhündin mit dem »ehrlichen« Gesicht, in der Tat ein gutes Zuhause gefunden. Ihre neuen Besitzer werden Ihnen nicht sagen können, ob sie ein »ehrlicher Hund« ist oder nicht, aber sie ist lieb, fröhlich und wohlwollend und das Adjektiv scheint noch immer zu ihrer Beschreibung zu passen. Ehrlich.

Wissen, was ihr Hund weiss

Wir erforschen das
Mysterium des Wissens

Ich weiß, dass er es besser weiß!« Diesen Satz muss ich schon Tausende Male gehört haben. So wie jeder Hundetrainer auch. Wir könnten den ganzen Himmel mit den Worten »Ich WEISS, dass er das weiß« dekorieren, wenn wir sie wie die Worte von Comicfiguren in Sprechblasen setzen und über unseren Köpfen in der Luft schweben ließen. Es gibt nur ein Problem – diese Worte bedeuten Schwierigkeiten. Große Schwierigkeiten. »Wissen« ist ein bestenfalls wackliges Konzept, und das Wort kann so viele verschiedene Dinge bedeuten, dass es letzten Endes gar nichts mehr aussagen kann.

Es ist verständlich, dass wir Hundehalter schnell mit der Annahme dabei sind, unsere Hunde »wüssten« es besser. Schließlich haben Sie den Hund, der während Ihres Kinobesuchs auf den Teppich gepinkelt hat, monatelang auf Stubenreinheit trainiert. Bestimmt »wusste« er es besser. Meine Pyrenäenberg-hündin Tulip weiß ganz genau, was »komm« bedeutet, aber als ich ihr gestern Abend sagte, dass sie ins Haus kommen sollte, schaute sie mich an wie einen Außerirdischen, der in völlig unverständlicher Sprache spricht. Wie viele Obedience-Sportler haben einen Hund, der in jedem kleinen Spaßturnier problemlos über die Hürde gesprungen ist, dann aber bei einem großen Wettkampf wie ein dummer Welpe drumherum getrabt ist? Der Hund »wusste« es doch, oder?

Das Wort »wissen« ist ein gefährliches Wort. Teilweise deshalb, weil es voraussetzt, dass man nur etwas wissen muss, (egal ob Mensch oder Hund), um das Richtige zu tun. Aber stellen Sie es sich einmal aus unserer eigenen Perspektive vor. Jeder von uns »weiß«, wie man beim Autofahren Geschwindigkeitsbegrenzungen einhält. Wenn Sie Ihr Auto aus der Garage fahren können, haben Sie die nötigen geistigen und körperlichen Voraussetzungen, um das Gaspedal mit Gefühl bedienen zu können. Garantiert das, dass Sie immer die Geschwindigkeitsbegrenzung einhalten? Nicht? Aber Sie »wussten« es doch besser, oder? Vielleicht haben Sie einfach nicht so gut aufgepasst, wie Sie sollten, weil Sie mit Ihren Gedanken nicht bei der Sache waren. Oder vielleicht hatten Sie es eilig und sind bewusst zu schnell gefahren, um nicht zu spät zu einem Treffen zu kommen und hofften, unterwegs keinen Autos mit hübschen blauen Lichtern auf dem Dach zu begegnen. Ich möchte zu schnelles Fahren nicht entschuldigen. Ich möchte nur zeigen, dass das »Wissen« um die Geschwindigkeitsbegrenzung nicht garantiert, dass irgendjemand sich daran hält, genauso wenig wie ein Hund, der »weiß«, dass er nicht an der Leine ziehen soll, sich nicht auf jedem einzelnen Spaziergang perfekt benehmen wird. Genau wie Sie die Geschwindigkeitsbeschränkung kennen, aber Ihre Gründe dafür haben, sich nicht immer an sie zu halten, weiß Ihr Hund wahrscheinlich, was »bei Fuß« bedeutet, befolgt es aber nicht immer perfekt.

Es gibt eine Myriade von Gründen dafür, warum Ihr Hund eine Handlung, die er tags zuvor offenbar noch beherrschte, nun vielleicht nicht mehr zeigt. Zum einen kostet es jeden von uns – Mensch oder Hund – Energie, uns auf etwas zu konzentrieren, besonders wenn wir gleichzeitig noch an viele andere Dinge denken müssen und uns überfordert fühlen. Vielleicht haben Sie gestern Abend beim Nachhausefahren von der Arbeit über einen Streit nachgedacht, den Sie mit einem Kollegen hatten, ließen das Gespräch noch einmal in

Gedanken Revue passieren und beschleunigten dabei ganz unabsichtlich Ihr Tempo. Ganz ähnlich erging es vielleicht Ihrem Hund, der seine Position »bei Fuß« nicht gehalten hat, weil er an den Rüden aus der Nachbarschaft denken musste, der ihn letzte Woche angeknurrt hat. Ihr Hund war nicht respektlos oder »ungehorsam« (ein weiteres Wort, das wir besser aus unserem Wortschatz streichen sollten!), sondern er tat nur, was wir alle gelegentlich tun – für einen Moment die Konzentration verlieren.

Zu lernen, wie man die Konzentration behält, verlangt sowohl von Hunden als auch von Menschen Übung, und Teil unseres Jobs als Hundebesitzer ist es, dem Hund dabei zu helfen. Denken Sie nur einmal an Suchhunde: Niemand muss ihnen beibringen, wie man riecht, das können sie ganz von alleine ganz hervorragend. Was sie in der Ausbildung lernen, ist, sich auf einen bestimmten Geruch zu konzentrieren, ihm zu folgen und alles andere rings um sie herum zu ignorieren. »Naturtalente« unter den Suchhunden sind Hunde, die leicht bei der Sache zu halten sind (und die deshalb viel schwerer lernen, auf Zuruf zurückzukommen, wenn sie gerade auf einer Fährte sind!). Das andere Extrem sind Hunde, deren Gehirn wie ein verrückt gewordener Frosch mit Aufmerksamkeitsstörung von einer Sache zur anderen hüpft. Die meisten Hunde brauchen aber genau wie wir Menschen nur etwas Hilfe dabei, zu lernen, wie man sich in einer Umgebung mit vielen Ablenkungen konzentriert.

Andererseits kann es auch sein, dass Sie perfekt voller Konzentration sind, aber trotzdem das von Ihnen Erwartete nicht tun, weil Sie etwas anderes wichtiger finden. Vielleicht sind Sie auf dem Weg zum Abholen Ihrer Kinder spät dran und fahren schneller, weil Sie nicht möchten, dass sie draußen im Regen stehen. Ihr Hund könnte beschließen, dass es wichtiger ist, das Eichhörnchen auf der anderen Straßenseite zu jagen als das perfekte »bei Fuß« beizubehalten, von dem er genau weiß, wie es funktioniert. Zu wissen, was man von uns erwartet, reicht nicht immer aus, dass wir es auch tun, und das gilt für Hunde genauso wie für Menschen. Es hilft überhaupt nicht, wütend zu werden, wenn die Dinge nicht so laufen wie geplant – denken Sie lieber darüber nach, was Ihren Hund motiviert und finden Sie einen Weg, das, was Sie von ihm möchten, für ihn lohnenswert zu machen. Es gibt noch einen dritten Grund dafür, warum das Wissen um eine Sache noch nicht unbedingt dazu führt, sie auch zu tun, und wieder kann unsere eigene Spezies ebenso gut als

Beispiel dafür dienen wie Hunde. Vielleicht »wissen« Sie, wie man einen perfekten Ball aufschlägt, aber das bedeutet nicht, dass Sie es jedes Mal tun. Sie »wissen« Ihre Rede auswendig, aber es kann Ihnen trotzdem passieren, dass Sie letzten Endes auf der Bühne stehen und den Mund wie ein Goldfisch auf- und zumachen, ohne dass ein Wort herauskommt. Eine Handlung in einem Zusammenhang ausführen zu können heißt noch lange nicht, dass man es auch in einem anderen kann. Schauspieler und Schauspielerinnen kennen das nur zu gut, wenn Monate des Übens sich am Abend der Generalprobe scheinbar in Nichts auflösen, nur, weil man nun andere Kleidung trägt. Menschen, die mit ihren Hunden ernsthaft Leistungssport betreiben, wissen, dass sie ihre Hunde in genau dem Kontext und der Umgebung sicher machen müssen, in der sie später im Wettkampf Leistung zeigen sollen.

Aber auch erfahrene Wettkämpfer haben Schwierigkeiten damit, von einem Kontext auf den anderen zu verallgemeinern, genau wie wir alle anderen auch. Der gleiche Obedience-Sportler, der viel Mühe darauf verwendet, das »Sitz-Bleib« mit seinem Hund auf Spaßturnieren sicher zu trainieren, weiß nur zu oft nicht, warum sein Hund zuhause nicht das »Sitz-Bleib« hält, wenn Besucher kommen. Nur weil Sie »Sitz-Bleib« im Ring trainiert haben bedeutet das noch lange nicht, dass der Hund sich auch an der Haustür beherrschen kann, wenn Gäste ankommen. Um eine Handlung sicher zu beherrschen, muss zumindest ein Teil des Übens am späteren Ort der geforderten Leistung stattfinden. Wenn das Verallgemeinern von einem Kontext zum anderen schon uns Menschen so schwerfällt, sollte es uns nicht überraschen, dass auch unsere Hunde es nicht leicht damit haben.

Und als ob das noch nicht genug wäre, gibt es auch noch einen vierten Grund, warum Hunde, die »wissen«, was Sie von ihnen wollen, es trotzdem nicht tun – und das ist mangelnde Übereinstimmung zwischen Ihnen und Ihrem Hund in der Definition Ihres Signals. Vor fast dreißig Jahren brachte mich mein erster Border Collie Drift wochenlang an den Rand des Wahnsinns, als ich ihm die Richtungskommandos zum Schafehüten beibrachte. »Come By« bedeutete, im Uhrzeigersinn um die Herde herumzulaufen und »Go Away« gegen den Uhrzeigersinn, und er hatte das auch einige Wochen lang perfekt gezeigt. Jedes Mal, wenn ich das Kommando gab, drehte er auf dem Absatz um und flitzte in die richtige Richtung. Guter Junge, Drift. Ich war ziemlich stolz auf uns beide. Aber plötzlich fiel alles in sich zusammen. Ich sagte

»Come By« und er lief »Go Away«. Ich sagte »Go Away« und er lief »Come By«. Ich weiß nicht, wer frustrierter war, ich oder Drift, aber die Trainingsstunden machten uns beiden immer weniger Spaß, bis ich endlich herausfand, was hier vor sich ging. Ohne es zu merken, hatte ich Drift unabsichtlich beigebracht, dass sowohl »Come By« als auch »Go Away« »Ändere die Richtung« bedeuteten, denn ich hatte nie das gleiche Kommando zwei Mal hintereinander gegeben. Nach »Come By« folgte immer »Go Away«, und jedes Mal, wenn Drift eins dieser beiden Kommandos hörte, lernte er, dass es richtig war, wenn er die Richtung änderte.

Du meine Güte. Sie können sich vorstellen, wie lange es dauerte, dieses Desaster an Fehlkommunikation wieder zu beheben – der arme Drift und ich bemühten uns monatelang, einen Weg zur gemeinsamen Verständigung zu finden. Und all das nur, weil ich, ohne es zu merken, nie das gleiche Kommando zwei Mal hintereinander gegeben hatte.

Nun lässt man sich nur allzuleicht zu der Annahme verlocken, man wüsste, was ein Hund denkt – aber das ist bestenfalls ein Blindekuhspiel. Wir wissen ja die Hälfte der Zeit nicht einmal, was im Kopf eines anderen Menschen vorgeht, geschweige denn in dem eines Angehörigen einer anderen Spezies. Wir wissen noch nicht einmal, ob eine andere Person unter der Farbe »rot« exakt das Gleiche versteht wie wir selbst. Klar, die Farbe rot hat eine messbare Wellenlänge, aber das sagt uns noch nichts darüber, wie die neben uns stehende Person sie wahrnimmt. Studien zu den Unterschieden zwischen Männern und Frauen haben ergeben, dass wir noch nicht einmal Zeit gleich empfinden. »Nur eine Minute«, so stellte sich heraus, liegt bei Männern bei etwa 55 Sekunden und bei Frauen eher bei 65 Sekunden. Dabei »wissen« wir doch beide, wie lang eine Minute ist, oder?

Zugegeben, Hunde zu verstehen mag wesentlich einfacher sein, als ein menschliches Wesen des anderen Geschlechts zu verstehen (kein Wunder, dass wir Hunde als unsere besten Freunde bezeichnen!), aber in beiden Fällen führt das Wort »wissen« oft nicht gerade zum gegenseitigen Verstehen. Denken Sie also daran, wenn Sie sich nächstes Mal darüber zu ärgern beginnen, dass Ihr Hund irgendetwas nicht tut, obwohl er es doch »weiß«. Ich weiß Sie wissen, dass er es weiß, aber jetzt wissen Sie, dass dieses Wissen Ihnen nicht viel hilft. Sie wissen, was ich meine?

ALLES IN MASSEN

Was brauchen Hunde von uns, und wie viel ist genug?

Es gibt Gegenden in unserem Land, in denen Hundebesitzer Tierheimangestellte anrufen, damit sie ihnen beim Einfangen ihrer Hunde helfen. So wie es aussieht, schaffen sie es nicht, die Hunde wieder zu fassen zu bekommen, wenn sie einmal aus ihrem Zwinger ausgebrochen sind – selbst dann nicht, wenn der Zwinger auf dem eigenen umzäunten Grundstück steht. Offensichtlich haben diese armen Hunde so wenig Kontakt zu Menschen (oder der Kontakt, den sie haben, ist so unangenehm), dass sie Angst haben, in die Nähe ihrer Menschen zu kommen, obwohl sie sich verzweifelt nach Zuneigung sehnen. Vielleicht sind sich die Hunde darüber im Klaren, dass sie sofort wieder in den Zwinger zurück verfrachtet werden, wenn sie sich fangen lassen (wie auf dem Feld »Gehen Sie sofort ins Gefängnis« beim Monopoly-Spiel).

Wo auch immer wir leben, wir alle sehen hin und wieder einen Hund, der ein einsames Leben lebt und dessen ganze Welt aus den Wänden eines Einzelzwingers besteht. Als Opfer einer Geisteshaltung, die in ihnen nicht mehr sieht als einfaches Eigentum, bekommen diese Hunde nicht mehr Aufmerksamkeit als die Begonien am Rand des Vorgartens. Es bricht mir das Herz, an Hunden vorbeizufahren, die ihr ganzes Leben allein in einem Zwinger verbringen, und ich kann mir vorstellen, dass es Ihnen genauso geht.

Am gleichen Tag, als ich von den Tierheimangestellten hörte, die zum Einfangen von Hunden auf umzäunten Grundstücken gerufen werden, hörte ich einer Diskussion darüber zu, ob es verantwortungsvoll sei, einen Hund an ganztags Berufstätige zu vermitteln. Eine der Gesprächsteilnehmerinnen sagte, dass sie niemals jemandem einen Hund geben würde, der den ganzen Tag lang nicht zuhause sei. Das sei unmenschlich. Ich erinnere mich an einen Moment des schwer lastenden Schweigens nach diesem Kommentar, aber vielleicht war es auch nur ich selbst, die einen Moment lang den Atem anhielt. Als ich das hörte, hatte ich vier Hunde. Damals wie heute arbeite ich drei Tage pro Woche Vollzeit und den Rest Teilzeit, kann aber glücklicherweise sagen, dass ich einen Teil der Arbeit von zuhause aus erledigen kann. Aber nicht immer. Bis Lassies Nieren und Blase zu alt dafür wurden, konnte ich acht oder neun Stunden am Stück von zuhause wegbleiben. Wenn ich zuhause bin, arbeiten meine Hunde an den Schafen, gehen auf lange, leinenlose Spaziergänge, verputzen Biohühnchen und Gemüse und genießen jeden Abend eine Massage, bevor sie sich auf ihren orthopädischen Spezial-Hundebetten zusammenrollen. Daher war es ein kleiner Schock, als ich mich damals als »unmenschlich« beschrieben hörte, weil ich meine Hunde manchmal den ganzen Tag lang alleine zuhause ließ.

Mir scheint, dass sich in der Evolution des Haushundes eine bemerkenswerte Sache ereignet hat. Die Hunde von heute haben Leben, die genauso unterschiedlich sind wie die von Menschen – die einen erfahren nichts als Leid und Verzweiflung, während andere ein Leben voller Überfluss und Freude führen. Diese große Bandbreite wirft eine wichtige Frage auf: Was brauchen Hunde von uns, und wie viel ist genug?

Als ich damals meinen ersten Border Collie bekam, kannte ich die Antwort auf diese Frage noch nicht. Drift war zwei Jahre alt, und bevor ich ihn bekam hatte er seine arbeitsfreie Zeit angebunden im Stall verbracht. Jeden Morgen, wenn ich zur Arbeit ging, versuchte Drift mit schmelzenden braunen Augen, mit mir aus der Tür zu kommen und ich fuhr von Angstgefühlen gequält weg. Jedes Mal, wenn ich ihn alleine ließ, fühlte es sich wie ein Verrat für mich an. Jeden Morgen entschuldigte ich mich ausgiebig bei ihm und fuhr mit dem Schuldgefühl als meinem einzigen Mitfahrer weg.

Eines Tages erzählte ich einer Freundin, die ebenfalls Hunde liebt, wie schlecht ich mich dabei fühlte, den armen Drift jeden Tag alleine zu lassen. Sie schaute mich an, als ob ich den Verstand verloren hätte und sagte: »Verstehe ich das richtig: Du fühlst dich schuldig, weil Du Drift den ganzen Tag lang in einem sicheren, klimatisierten Haus alleine lässt. Er hat ein weiches Hundebett zum Schlafen, es ist trocken, warm im Winter und kühl im Sommer. Du lässt ihm Kauknochen und Bälle zum Spielen da, sodass er sich ganz nach Belieben damit beschäftigen oder ein Schläfchen auf seinem Bett halten kann. Du fährst eine dreiviertel Stunde lang zur Arbeit, wo Du Dich für wenig Geld in einer schwierigen, extrem stressreichen Umgebung halb zu Tode rackerst. Auf der Heimfahrt machst Du einen Umweg, um Premium-Hundefutter, Vitaminzusätze, Gemüse und noch mehr Spielsachen für Drift zu kaufen. Und Du fühlst Dich schuldig? Du bist verrückt.«

Ihre Logik war umwerfend. Als ich am nächsten Tag zur Arbeit fuhr, sagte ich: »Du hast es gut, Hund, mach Dir eine schöne Zeit.« Innerhalb weniger Tage hörte Drift damit auf, mein Herz an der Tür erweichen zu wollen und entschied sich stattdessen, sich zur Ruhe auf sein Bett zu begeben. Erst da fiel mir auf, dass meine eigene Gefühlslast für Drift ein viel größeres Problem gewesen war als mein Weggehen es je war.

Für einen gesunden, erwachsenen Hund (Welpen sind natürlich ein ganz anderes Thema!), so scheint mir, ist vor allem wichtig, was vor und nach der Arbeit passiert. Schließlich sind Caniden dämmerungsaktive Tiere: Früh am Morgen und in den Abendstunden sind sie von Natur aus am aktivsten. Zum Glück für uns Hundebesitzer passt das mit den Arbeitszeiten der meisten von uns gut zusammen. Es bedeutet aber auch, dass Ihr Hund Sie braucht, wenn Sie von der Arbeit nach Hause kommen. Wenn Sie beim Heimkommen lieber im Internet herumspielen möchten, sind Sie der perfekte Kandidat für einen Plüschhund. Was aber, wenn Sie gerne Ihre Schuhe von den Füßen kicken, eine kurze Runde um den Block gehen, sich dann einen Drink einschenken und in den gemütlichen Lehnsessel im Wohnzimmer kuscheln möchten? Dann haben Sie das perfekte Zuhause für einen älteren Hund, der in seinen letzten Lebensjahren Ruhe und Streicheleinheiten braucht.

Vielleicht sind Sie auch eher wie ich – jemand, für den der Begriff »Computerspiel« ein Widerspruch in sich ist und der auf dem Sofa weniger Zeit verbringt als seine Hunde. Ich kann es kaum abwarten, sie zu füttern, damit wir anschließend endlich alle nach draußen kommen. Zu einem perfekten Abend gehört es für mich, in aller Ruhe die Stallarbeit zu erledigen, Zeit für einen stundenlangen Spaziergang mit den Hunden zu haben, mit ein paar Border Collies an einigen besonders kniffligen Feinheiten des Schafehütens zu üben, einem der Hunde einen neuen Trick beizubringen und Zeit zu haben, sie auf dem Wohnzimmerteppich zu knuddeln und zu bürsten. Anders gesagt dauert der perfekte Abend für mich sechs Stunden lang (ich hoffnungslose Träumerin, die ich bin), und mit der einzigen Ausnahme meiner strengen Politik »Kein Hund in der Wanne, wenn ich mein Lavendel-Schaumbad nehme« ist ein großer Teil dieser Zeit dafür bestimmt, aktiv irgendetwas zusammen mit meinen Hunden zu tun.

Die Wahrheit ist, dass viele Familienhunde sich zum Verrücktwerden langweilen. Die meiste Zeit des Tages zu schlafen ist eine Sache, eine ganz andere aber, am Abend kaum mehr als einen Zehn-Minuten-Spaziergang an der Leine, Futter in den Napf und ein paar Tätschler auf den Kopf vor dem Schlafengehen zu bekommen. Ironischerweise lagen die Dinge noch anders, als wir uns noch nicht so gut um unsere Hunde gekümmert haben. Als ich in den 1950er Jahren in einer Vorstadt in Arizona aufwuchs, war es übliche Praxis, nach dem Aufwachen den Hund rauszulassen, noch bevor man sich einen Kaffee kochte. Unsere Hündin, Fudge, trottete dann die ruhige Vorstadtstraße entlang, holte einen nach dem anderen ihre Kumpels ab und verbrachte den Tag damit, nach Müll zu suchen, die Kinder zum Schulbus zu eskortieren, die Müllmänner zu jagen und Kaninchen zu terrorisieren. Ungefährlich? Nein. Abwechslungsreich? Ja.

Natürlich spreche ich mich nicht dafür aus, Hunde frei durch die Gegend laufen zu lassen. Die Gründe dafür sind so offensichtlich, dass sie nicht erwähnt werden müssen. Ich sage nur, dass Hunde komplexe Individuen sind, die sowohl tiefste Langeweile als auch geistige Anregung erfahren können und dass es unsere Pflicht ist, ihnen letztere zu gewähren. Wenn wir schon ihr Leben bestimmen, sind wir auch dafür verantwortlich, dass es ein gutes Leben wird. Einen Verstand vor die Hunde gehen zu lassen ist eine furchtbare Sache, und das gilt für Hunde genauso wie für Menschen.

Inzwischen denken mehr und mehr Menschen so, was im Allgemeinen auch eine sehr gute Sache ist. Es ist gut und richtig, dass zunehmend Menschen sich darum sorgen, Hunde als die komplexen, fühlenden Wesen zu behandeln, die sie sind. Aber das Pendel kann auch zu weit zur anderen Seite ausschlagen und wir müssen aufpassen, nicht eine der Qualitäten zu zerstören, die wir so sehr an Hunden bewundern. So werden zum Beispiel in letzter Zeit immer mehr und neue interaktive Spielsachen entwickelt, die Hunden geistige und körperliche Beschäftigung bieten sollen, und im Großen und Ganzen finde ich sie auch toll. Aber zu jedem Yin gehört auch ein Yang, und wir müssen aufpassen, den Hunden nicht eine Qualität wegzunehmen, die wir Menschen (zumindest wir westlichen Menschen) lieber gut an uns selbst pflegen sollten.

Hunde sind Spezialisten darin, das Leben so zu akzeptieren, wie es nun einmal kommt. Sie sind wahrhafte Meister der Mediation und Gurus des Lebens im Hier und Jetzt. Aber diese Fähigkeit ist nicht nur rein genetisch bedingt: Schauen Sie sich nur mal unsere eigene Spezies an und vergleichen Sie die Reaktion eines Massaikriegers und eines amerikanischen Taxifahrers darauf, stundenlang in einem Stau auf der Straße gefangen zu sein. Ich hoffe, Sie verzeihen mir meine schamlose Verallgemeinerung, aber ich würde ziemlich hoch darauf wetten, wer von beiden geduldig am Straßenrand sitzen und wer rastlos hin- und herlaufen würde. Wir Amerikaner leben in einer Kultur der ständigen Verfügbarkeit, lernen aber zunehmend, dass dies zwar zu höherer Geschwindigkeit, nicht aber zwingend zu mehr Glück führt.

Vor Kurzem hatte ich das Vergnügen, an den Verkaufsständen auf der Konferenz des amerikanischen Tiertrainerverbandes entlangzuschlendern. Zwischen den Proben biologischer Premium-Hundeleckerlis, den Kapuzenpullis und den Lufterfrischern für Hundezwinger fand ich ein neues Angebot: Kong Time™ ist ein Apparat, der Ihrem Hund in zufälligem, vom Apparat bestimmten Zeitabstand fünf Kongs™ ausspuckt. Sie füllen die Kongs™ mit Futter, packen Sie in den Apparat und können mit dem Wissen aus dem Haus gehen, dass Ihr Hund während Ihrer Abwesenheit bestens unterhalten wird. Das ist ein wirklich wunderbare Sache für junge Hunde, für Hunde mit Trennungsangst und für die Mäuse in meinem Haus, die mit Sicherheit meine Hunde ausstechen würden, indem sie in den Apparat hineinklettern und sich selbst bedienen würden.

Aber wie alles Gute könnte es auch missbraucht werden – von wohlmeinenden Menschen, die die Vorstellung nicht ertragen können, ihr Hund könnte während ihrer Abwesenheit kein Unterhaltungsprogramm genießen. Ich kann mir lebhaft vorstellen, wie Border Collies den ganzen Tag lang wie gefesselt vor dem Apparat liegen und zwanghaft darauf warten, dass der nächste Kong™ herauskommt. Ich sehe vor meinem geistigen Auge, dass Hunde, die noch nie im Leben Frustrationstoleranz gelernt haben, mit diesem Apparat im Verhalten noch schwieriger anstatt besser werden.

Wahrscheinlich sollte man dazusagen, dass ich keine unvoreingenommene Perspektive habe. Ich sehe bei meiner täglichen Arbeit viele Aggressionsfälle, und viele davon werden von Hunden verursacht oder verschlimmert, die keine Frustrationstoleranz haben. Wie kleine Kinder, die nie Beherrschung gelernt haben, liefern diese Hunde wahre Wutanfälle ab, wenn sie frustriert sind. Im Gegensatz zu Kindern haben sie aber leider scharfe Klingen in ihren Mündern und nur zu oft kommt es vor, dass sie damit letzten Endes jemanden verletzen. Meine eigene Meinung, die sich auf Jahre der Arbeit mit aggressiven Hunden und davor auf Jahre der Arbeit mit schwierigen Jugendlichen (menschlichen!) begründet, ist: Echtes Glück besteht aus dem Gleichgewicht zwischen geistigen und körperlichen Herausforderungen, emotionaler Sicherheit und meditativer Akzeptanz.

In einer gewissen Weise ist die Antwort auf die Frage, was Hunde brauchen, vielleicht simpel: Sie alle brauchen frische Luft, gesundes Futter, Freundlichkeit, Geduld und Liebe. Ebenso wichtig für ihr Glück ist, dass sie geistige und körperliche Beschäftigung brauchen. Aber wir würden gut daran tun, uns daran zu erinnern, dass ständige Verfügbarkeit weder bei Menschen noch bei Hunden immer der Weg zum Glück ist. Manchmal ist sie auch der Weg zur Ungeduld, einem Zustand, der bekanntermaßen für kein Lebewesen befriedigend ist. Es ist eine unbestreitbare Tatsache, dass Hunde zum Glücklichsein weit mehr brauchen als Futter und Wasser und dass es Quälerei ist, einen

Hund jahrelang gefangen zu halten (es sollte auch als Straftat betrachtet werden).

Das alles heißt aber nicht, dass genau das Entgegengesetzte das Beste für Hunde wäre. Ich finde nicht, dass wir uns schuldig fühlen müssen, wenn wir unsere erwachsenen Hunde den Tag über alleine zuhause lassen, solange wir die gemeinsamen Stunden mit ihnen interaktiv nutzen und verbringen. Wenn Sie es schaffen, Ihren Lebensunterhalt zu verdienen und trotzdem den ganzen Tag lang zuhause bei Ihrem Hund zu bleiben, könnten Sie Ihrem Hund vielleicht beibringen, dass er zur Arbeit geht, das Geld verdient und Ihnen beiden das Abendessen kauft. Ich persönlich versuche immer noch einen Weg auszuklügeln, wie ich meine Hunde zur Arbeit schicken kann, selbst zuhause bleiben kann und noch genug Geld für ein bisschen Luxus übrig behalte. Ich wollte schon immer mal einen Malkurs machen.

SELBSTBESTIMMUNG

Vom Wildhund zum Sesselrutscher –
die Verluste und Gewinne

Eng aneinander gedrängelt hatten Lassie und ich den Nachmittag in der Tierklinik der Universität verbracht und auf die Ergebnisse gewartet. Hatte sie einen Hirntumor oder nicht? Wenn ja, gaben ihr die Tierärzte noch zwei bis vier Monate, maximal. Wenn nein, was erklärte dann ihre ausbleibende Genesung vom Vestibular-Syndrom, bei dem das Innenohr verrückt spielt und den Gleichgewichtssinn vorübergehend stört? Normalerweise erholen sich Hunde davon in wenigen Wochen, aber Lassie konnte immer noch nicht fressen, ohne dass man sie aus der Hand fütterte und nicht gehen, ohne dass sie nach rechts schwankte wie ein betrunkener alter Border Collie, der gerade aus der Kneipe kommt.

Meine stärkste Erinnerung an diesen langen Nachmittag ist nicht nur die an die Angst, sondern die an ein überwältigendes Gefühl der Verantwortung für ein Lebewesen, das mit Haut und Haaren von mir abhängig war. Bestimmt weiß jeder Hundefreund, wie schwer es ist, für ein krankes Tier zu sorgen, das sich alleine nicht helfen kann und das einem nicht sagen kann, was ihm fehlt.

Die Abhängigkeit unserer Hunde bezieht sich nicht nur auf die Zeiten ihres Krankseins. Die Hunde, die unser Leben und unsere Wohnungen teilen, sind von uns auf tausendfache Weise abhängig. Sie suchen sich nicht aus, mit wem zusammen sie leben möchten, sie fangen nicht ihr eigenes Futter und können noch nicht einmal entscheiden, wann und wo sie zur Toilette gehen. (Okay okay, ich weiß, dass manche Hunde die Schränke plündern und auf den Teppich pinkeln, aber nicht, wenn wir etwas dagegen tun können.) Tatsache ist, dass die meisten unserer Hunde nur wenige Entscheidungen im Leben treffen. Die Familienhunde, die früher den Tag damit zubrachten, unabhängig durch den Ort zu streifen, werden heute sicher in den Häusern verwahrt und warten darauf, dass wir entscheiden, wann sie hinausgelassen werden, wann wir mit ihnen spazieren gehen und wann zur Hundeschule. Natürlich hat des eine Reihe von Vorteilen – sowohl für uns als auch für die Hunde – wenn sie in unseren Häusern leben und wie Familienmitglieder behandelt werden. Es lohnt sich aber auch, sich einmal objektiv zu fragen, ob während dieses Prozesses auch etwas verloren ging, auch wenn wir uns über die neu gewonnenen Vorteile freuen.

Auf die Idee, einmal über diese Kosten-Nutzen-Analyse zu sinnieren, kam ich beim Lesen des sehr nachdenklich machenden Buches *Merle's Door* von Ted Kerasote. Darin adoptieren Mensch und Hund sich gegenseitig, als Ted in der Wildnis von Utah Kajak fährt und dort auf den frei lebenden Merle trifft. Ted macht klar, dass es nicht immer einfach war, ihrer beider Leben miteinander in Übereinstimmung zu bringen. Merle war der Ansicht, dass das Hetzen von Vieh eine der größten Freuden im Leben überhaupt war. Ted war der Meinung, Merle sollte seine Laufbahn als Viehfarmer beenden und sich in dem schönen stabilen Hundehaus zur Ruhe setzen, das er für ihn gebaut hatte. Merle lernte zwar, mit dem Hetzen des Viehs aufzuhören, machte Ted aber unmissverständlich klar, dass er nicht gewillt war, seine Unabhängigkeit für einen Napf Hundefutter zu verkaufen. »Merle's Door« ist die Hundetür, die Ted einbaut, um seinem neuen besten Freund letzten Endes sowohl Gesellschaft als auch Selbstbestimmung bieten zu können.

Die Entscheidung, Merle seine Freiheit zu lassen, war keine leichtfertige – sie wurde von einem Mann getroffen, der seinen Hund wirklich liebte und seine Verantwortung ihm gegenüber ernst nahm. Merle war aber auch ein ungewöhnlicher Hund (zu ihm fallen einem die Worte »sehr klug« und »außergewöhnlich selbstständig« ein) und Ted lebte an einem ungewöhnlichen Ort, der für frei lebende Hunde kaum Gefahren barg. Was für den größten Teil unseres Landes nicht zutrifft. Frei umherlaufende Hunde werden oft von Autos überfahren, kämpfen mit anderen Hunden oder werden von verärgerten Nachbarn erschossen. Ich würde mich niemals dafür aussprechen, dass wir wieder zu Zeiten zurückgehen, in denen der durchschnittliche Familienhund morgens zur Tür hinausgelassen und abends beim Dunkelwerden wieder zum Fressen heimgerufen wird. Dazu ist die Sicherheit unserer Hunde, gar nicht erst zu reden von der unserer Nachbarn, zu wichtig.

Und doch müssen wir uns darüber im Klaren sein, dass Sicherheit auch ihren Preis hat. Ganz klar zahlen sowohl wir als auch die Hunde dafür, dass sie von uns abhängig sind. Was die Hunde verlieren, ist klar. Sie verlieren – mehr oder weniger stark – das Gleiche, das auch uns abhanden kommt, wenn wir unsere Freiheit verlieren: Die Möglichkeit, zu tun, was wir wollen und wann wir es wollen. Damit meine ich nicht die Freiheit, seinen Job aufzugeben und auf eine Tropeninsel auszuwandern. Ich denke eher an die vielen kleinen Entscheidungen des Alltags, die den Großteil unseres Tages ausmachen – die Arbeit für eine Tasse Kaffee zu unterbrechen oder ein Buch wegzulegen, das uns zu langweilen beginnt.

Tatsächlich haben die meisten von uns so viel Freiheit, dass wir uns keine Vorstellung davon machen, wie es wäre, ohne sie zu leben. Aber wir können es uns auszumalen versuchen. Fragen Sie einmal einen gerade entlassenen Häftling, was das Schönste am Herauskommen ist, und er wird Ihnen antworten: Entscheidungsfreiheit. Dazu kann gehören, abends dann das Licht auszumachen, wenn einem danach ist oder ein großes Eis zu essen, wenn gar keine Nachtischzeit ist.

Selbst die von uns, die noch nie im Knast gesessen haben, können sich die Wichtigkeit von Selbstbestimmung vorstellen. Erinnern Sie sich noch an das erste Mal, als Sie vom Haus Ihrer Eltern weggefahren sind oder an die erste Nacht in der eigenen Wohnung? Fühlten Sie sich nicht freier und irgendwie leichter als vorher? Und fühlen Sie sich nicht auch als Erwachsener anders, wenn sagen wir mal Ihre Gäste das Haus wieder verlassen? Egal wie sehr wir uns über den Besuch von Freunden oder Familie freuen, wenn wir ihr Auto wieder wegfahren sehen, verspüren wir ein Gefühl der Freiheit. Jetzt können wir diese übrig gebliebenen beiden Kekse essen, was uns vorher zum Mittagessen zu peinlich war oder uns aufs Sofa lümmeln und irgendeine kitschige Fernsehsendung ansehen. Ahhh.

Bestimmt wollen die meisten Hunde das Gleiche wie wir – ein gewisses Maß an Selbstbestimmung, ein bisschen Freiheit, zu tun, was sie möchten und wann sie es möchten. In ihrem Fall könnte es die Freiheit sein, einem unwiderstehlichen Duft zu folgen, weiter Ball zu spielen oder dem Hund aus dem Weg zu gehen, den sie seit dem Tag hassen, an dem sie ihn zum ersten Mal gesehen haben. Was also sollen wir angesichts dessen mit den Hunden tun, die sicher in unseren Häusern leben und gemütlich in unseren Betten schlafen? Wir können sie nicht den ganzen Tag lang frei laufen lassen, das ist ganz einfach keine Option. Viele unserer Hunde würden das ohnehin nicht wollen – meine eigenen Hunde, Lassie und Will, hätten keinerlei Interesse an der Art von Unabhängigkeit, wie Merle sie für sich beanspruchte. Manche Hunde wünschen sich bestimmt, um die Häuser streunen und andere Hunde aufgabeln zu können, aber viele (die treuen Seelen!) ziehen unsere Gesellschaft vor, so seltsam wir als Spezies auch sein mögen.

Was wir tun können ist, uns bewusst zu machen, wie oft unsere Hunde die Freiheit der Wahl haben. Auf wie vielen Spaziergängen durfte Ihr Hund entscheiden, wohin Sie beide gehen? Wie oft kann Ihr Hund entscheiden, wann er mit dem Schnüffeln aufhört? Haben Sie je Ihren Hund im Stadtpark aussuchen lassen, wohin Sie gehen? Das alles sind gute Fragen, die wir uns stellen können, wenn wir Verstand und Körper unserer Hunde im Park oder auf Agilitywettkämpfen trainieren.

Sechs Wochen nach jenem düsteren Tag in der Tierklinik half mir Lassie, tumorfrei und bald 14 Jahre alt, eine Herde junger Lämmer einen steilen, bewaldeten Hügel hinaufzubringen. Lämmer in einem Wald aus Eichen und Hickorybäumen eine Steigung hinaufzubringen ist harte Arbeit, vor allem, wenn diese Lämmer noch nie zuvor von ihren Müttern getrennt waren. Ich war mir nicht sicher, ob ich diese Aufgabe überhaupt bewältigen konnte, und schon gar nicht, ob meine alte, geschwächte Hündin mir dabei helfen konnte. Aber ich ließ es sie versuchen, weil ihre Augen zu glänzen beginnen und ihre Brust schwillt, wenn sie weiß, dass sie sich nützlich machen konnte.

Wie sich herausstellte, hatte das alte Mädchen langsam wieder zu Kräften und zu ihrem Gleichgewicht zurückgefunden und war ganz bei der Sache. Um den Job zu erledigen, musste Lassie manchmal meinen Anweisungen folgen, aber genauso oft – und das war genauso wichtig – musste sie ihre eigenen Entscheidungen treffen. Als ein Lamm plötzlich wegsprang und zum Stall zurückrennen wollte, war keine Zeit mehr dafür, ein Kommando zu rufen. Bis mein Gehirn verarbeitet hatte, was gerade passierte, hatte sich Lassie schon nach links geworfen und das Lamm wie ein Torhüter im Fußballspiel gestoppt. Es war ihre Wahl, ihre Entscheidung. Lassie mag alt sein und in vielen ihrer Bedürfnisse von mir abhängig, aber sie hat immer noch einen Verstand – und sicher fühlte es sich für sie gut an, ihn zu benutzen.

Kommunikation

Schöne Geräusche

Sitz! Nein! Platz! Braver Hund!

Es ist eine absolut spannende Sache, ein Tier zu studieren, wenn man nicht weiß, was es mit den von ihm gemachten Lautäußerungen beabsichtigt. Wissenschaftler mit einem IQ, der höher ist als ihr eigenes Körpergewicht, verbrachten ganze Jahre damit, die von anderen Lebewesen ausgestoßenen Laute übersetzen zu wollen. Es stellt sich als außerordentlich schwierig heraus, zu verstehen, was ein Individuum einer anderen Spezies eigentlich meint, wenn es »Miau«, »Quak« oder natürlich auch »Wuff« sagt. Wenn das schon für uns Menschen so schwierig ist, was ist dann erst mit unseren armen Hunden? Was um alles in der Welt soll Ihr Hund mit den Lauten anfangen, die er aus Ihrem Mund kommen hört?

Eine Zeitlang befand ich mich in einer ähnlichen Lage wie Ihr Hund, nämlich damals während der Recherchen zu meiner Doktorarbeit. Ich musste die Worte und Pfiffe analysieren, die Schäfer oder andere beruflich mit Tieren arbeitende Menschen ihren Arbeitstieren gegenüber äußerten. Man könnte meinen, dass diese Untersuchung sicher nicht schwierig war. Immerhin analysierte ich Lautäußerungen meiner eigenen Spezies. Ich konnte die Tierbesitzer fragen, was sie meinten. Ich konnte mir die Tonbandaufnahmen wieder und wieder anhören. Die gesamte moderne Spitzentechnik zur Tonanalyse stand mir zur Verfügung. Aber klar zu definieren, was der relevante Teil des Signals war, wann das Signal begann und endete und was es wirklich bedeutete, war alles andere als einfach. Es war sogar richtig verzwickt. Seitdem haben Hunde mein tiefstes, ehrliches Mitgefühl.

Schließlich hört Ihr Hund nicht der gleichen Spezies zu. Er lauscht vielmehr einem Außerirdischen zu, der Geräusche wie »Komm« und »Platz« macht, die für ihn von Natur aus ebenso viel oder wenig Bedeutung haben wie »Blech« oder »Pffft«. Kein Wunder, dass so viele Hunde lieber mit dem Cockerspaniel von nebenan spielen. Es ist ganz schön anstrengend, pausenlos übersetzen zu müssen.

Aber Sie können etwas dagegen tun. Betrachten Sie die Signale, die Sie und andere Ihrem Hund geben, doch einmal mit den Augen eines Feldforschers. Seien Sie eine Woche lang in Ihrem eigenen Wohnzimmer Jane Goodall. Sie brauchen dazu keine technische Spitzenausrüstung, sondern nur einen ganz neuen Blickwinkel darauf, wie Sie sich selbst zuhören können. Sie sind der Forscher und belauschen ein interessantes Tier, dessen Lautäußerungen Ihnen vollkommen fremd sind.

Sie können mit etwas Beliebigem beginnen – wie wäre es mit dem Geräusch »aus«? Was müssen unsere Hunde glauben, was das Wort »aus« bedeutet? Wir sagen es zu unserem Hund, damit er den apportierten Ball hergeben soll und zehn Minuten später sagen wir »aus«, damit er aufhört, Tante Polly anzuspringen. Und als Nächstes heißt es »runter vom Sofa«. Wie sähe also Ihr Forschungsbericht aus? Was ist die Definition von »aus«? Was genau möchte jemand von seinem Hund, wenn er »aus« sagt? Soll der Hund etwas hergeben? Mit Anspringen aufhören und mit allen vier Pfoten auf dem Boden stehen? Vom Sofa runtergehen? SIE wissen natürlich, dass das Wort in verschiedenen Zusammenhängen verschiedene Bedeutungen haben kann, aber würde das Übersetzungen nicht ziemlich schwierig machen, wenn Sie bei Null beginnen müssten?

Vielleicht verwechselt diese interessante Spezies, die Sie da studieren, auch »nein« mit »fein«. Hmmmm. Wenn Sie »glett« und »blett« hören würden, wüssten Sie dann, dass beide ganz unterschiedliche Dinge bedeuten? Wie wäre es mit den Worten »Haus« und »raus«? Klingen sie nicht fast gleich und bedeuten doch etwas völlig anderes?

Und was ist mit dem weitverbreiteten Gebrauch einer anderen Wortfolge: »Brav Sitz«? Unter Hundetrainern ist es derzeit sehr beliebt, den Besitzern zu sagen, sie sollten ihrem Hund erst »Sitz« befehlen und ihn dann mit »Brav Sitz« loben. Aber betrachten Sie diese Worte einmal aus nicht-menschlicher Perspektive. Wenn »Sitz« heißt »Beweg deinen Hintern auf den Boden« und Sie möchten, dass Ihr Hund das jedes Mal tut, wenn Sie es sagen, was soll dann Ihr Hund davon halten, wenn er »Sitz« hört und dabei schon sitzt? Ich weiß, Ihr Hund ist schlau, aber von ihm zu erwarten, dass er Ihre Gedanken lesen kann, wann »Sitz« »Tu etwas« bedeutet und wann »Tu nichts, ich beziehe mich nur auf etwas, was du gerade schon getan hast« ist ein bisschen viel verlangt, selbst für einen schlauen Hund!

Hier noch eine weitere Frage, die ein unerschrockener Tierverhaltensforscher draußen im Feld klären könnte: Viele Menschen sagen »Nicht bellen!« zu ihren Hunden, damit sie mit dem Bellen aufhören sollen (oder »Nicht beißen!«, um Welpen vom spielerischen Zufassen mit den Zähnen abzubringen). »Nicht bellen« klingt einfach, es sind ja nur zwei kurze Worte. Aber betrachten Sie es einmal aus der Sicht Ihres Hundes. Erst einmal – haben Sie Ihrem Hund je beigebracht, was das Wort »bellen« bedeutet? Letztes Endes ist es nur ein Geräusch, das Sie machen, und dieses Geräusch hat so lange keinerlei Bedeutung, bis Sie Ihrem Hund beibringen, was es damit auf sich hat. Und wenn Ihr Hund nicht weiß, was »bellen« ist, wie soll er dann verstehen, was »nicht bellen« bedeutet? Schauen Sie sich nun zweitens die Reihenfolge der Worte an: Wenn Sie erst »nicht« und dann »bellen« sagen, wäre es dann nicht logisch, dass Ihr Hund wieder zu bellen beginnen würde, wenn er wüsste, was das Wort »bellen« bedeutet?

Kommt Ihr Hund nicht, wenn er Sie »komm« sagen hört? (Gut, tut er vielleicht nicht, aber das ist ein anderes Thema. Hier geht es darum, dass Sie möchten, dass er kommt, stimmt's?) Ich bin zwar sicher, dass Hunde Worte aus einem Satz heraushören können, aber nicht sicher, ob sie auch »rückwärts« denken können, so wie es bei »nicht bellen« nötig wäre. Mein Rudel von blitzgescheiten Border Collies hat es nie geschafft, zu lernen, dass »Luke, OK« bedeutet: Luke, und zwar nur Luke, darf aus dem »Bleib« aufstehen. Von einem Hund zu verlangen, dass er die Grammatik von »nicht bellen« verstehen soll, ist viel verlangt. Warum nicht einfach »nein« sagen?

Aber selbst wenn Sie klar und konsequent in Ihren Signalen sind – sind Sie sicher, dass Ihr Hund sie genauso definiert wie Sie? Ich habe zum Beispiel den Verdacht, dass die meisten Hunde und die meisten Besitzer das simple Wörtchen »Sitz« unterschiedlich definieren. Wenn Sie wie die meisten Hundebesitzer sind, haben Sie Ihrem Hund »Sitz« beigebracht, indem Sie ihn erst zu sich gerufen haben, dann »Sitz« gesagt und ihn fürs Hinsetzen belohnt haben. Für uns meint »Sitz« eine Körperhaltung. Wir definieren »Sitz« als Position, in der die Hinterbeine des Hundes gebeugt sind, sein Hinterteil sich auf dem Boden befindet und die Vorderbeine gestreckt mit den Pfoten auf dem Boden stehen. »Sitz.« Einfach. Und es sieht so aus, als würde Ihr Hund es auch genauso definieren, denn ich wette, dass Ihr Hund die meiste Zeit genau das eben Beschriebene tut, wenn Sie »Sitz!« sagen. Was aber tut er, wenn er gerade liegt und Sie dann »Sitz« sagen? Falls Sie ihm nicht explizit beigebracht haben, sich AUFzusetzen (was man natürlich tun kann), bleibt er vermutlich liegen. Und was, wenn er schon sitzt? Übrigens legen sich viele Hunde hin, wenn man ihnen während des Sitzens »Sitz« befiehlt. Was passiert, wenn Sie »Sitz« sagen und der Hund ist zehn Meter von Ihnen entfernt? Die meisten Hunde werden glücklich zu Ihnen herangetrottet kommen und sich vor Ihnen hinsetzen, genau, wie es ihnen anfangs beigebracht wurde. Meine Vermutung ist, dass die meisten Hunde denken, »Sitz« bedeute folgende Aktion: Suche die Knie (oder die Knöchel oder den Bauch) deines Besitzers, stell dich vor ihn und beweg dich in Richtung Boden.

Natürlich können Sie Ihrem Hund beibringen, sich hinzusetzen, ohne zu Ihnen zu kommen oder sich eher auf- anstatt hinzusetzen. Aber der springende Punkt ist, dass Sie es ihm beibringen müssen. Solange Sie nicht darüber hinausgehen, was die Mehrzahl der Hundebesitzer tut, versteht Ihr Hund »Sitz« vermutlich anders als Sie. Welche Worte könnte Ihr Hund noch anders verstehen, als Sie das tun? Ich muss an mein Lieblings-T-Shirt denken, mit einem trotteligen, grinsenden Hund vorne drauf, der sagt: »Hi! Ich heiße NEIN NEIN NEIN böser Hund, und du?«

Glauben Sie nicht etwa, dass ich der Meinung wäre, Hunde könnten nicht so mancherlei Nuance unserer Sprache verstehen. Ein Hund kann das Wort »rausgehen« aus einem ellenlangen Satz herauspicken, wenn er dessen Bedeutung erst einmal gelernt hat. Wir alle haben Hunde, die irgendwann gelernt haben, wie man »Ball« buchstabiert und die Bedeutung des Wortes ganz genau kennen. Hunde erstaunen mich immer wieder mit ihrer Fähigkeit, als Ethologen aufzutreten, die sich mit der Übersetzung der Lautäußerungen von einer so verwirrenden, aber liebenswerten Spezies wie der unseren befassen. Aber sicherlich schulden wir ihnen so viel Klarheit, wie uns nur irgend möglich ist. Und wenn sie lernen, können wir ihnen auf jeden Fall dabei helfen, indem wir in unserem Wortgebrauch klar, konsequent und hilfreich sind anstatt so sprunghaft und schwankend wie es in unserer Natur liegt.

All dieses Nachsinnen über das Analysieren von Geräuschen erinnert mich an eine meiner allerersten Forschungsaufgaben als angehende Ethologin. Ich wollte herausfinden, ob die Geräusche, mit denen wir unsere Tiere zum langsameren oder schnelleren Laufen bringen möchten, immer die gleichen sind, egal, welche Sprache wir sprechen. Ich hatte schon jede Menge Tonaufnahmen von englischsprachigen Hunde- und Pferdebesitzern gesammelt. Für meinen ersten Versuch, professionelle Tiertrainer mit einer anderen Muttersprache als Englisch aufzunehmen, reiste ich von Wisconsin zu den Pferderennbahnen von Texas. Ich suchte nach sprachübergreifenden Beispielen von Tiertrainern und wollte sehen, wie spanischsprachige Jockeys ihre Pferde beschleunigten und verlangsamten. Später verglich ich sie mit den Aufnahmen von Hunde- und Pferdetrainern, die Englisch, Baskisch, Chinesisch, Peruanisches Quechua und fünfzehn andere Sprachen sprachen.

Damals aber brauchte ich spanische Muttersprachler, die nie Englisch gelernt hatten, und alle Jockeys, die in dem alten, heruntergekommenen Rennstallgebäude herumlungerten, sprachen beide Sprachen. »Warten Sie auf Jose«, sagte man mir, »er kommt jeden Tag her. Er kennt eine Menge Trainer und Jockeys, die kein Englisch sprechen und er wird sie hinbringen.« Sie hatten Recht. Jose kannte jeden, und jeder kannte Jose, und obwohl Jose über den Grund meines Besuchs genauso perplex war wie alle anderen im Stall stimmte er zu, mit mir zu ausschließlich spanisch sprechenden Trainern und Jockeys zu fahren, damit ich sie bei der Arbeit mit ihren Pferden aufnehmen konnte. Also machten wir uns eines Morgens früh auf den Weg und hielten unterwegs auf Bitte von Jose an einem Kiosk an. Er kam mit einem Sixpack Bier zurück. Während er eine Dose Budweiser aufriss, zündete er sich einen Joint von der Größe einer Zigarre an und sagte: »OK, wir bringen dich zu ner Menge Typen, die mit ihren Viechern quatschen, OK? Auch mal ziehen?« Ich lehnte ab und fühlte nach meinem Schweizer Taschenmesser.

Jose hielt Wort. Ich muss fünf gute Tonaufnahmen von nicht-englischsprachigen Trainern und Jockeys bekommen haben. Weiß Gott, was Jose ihnen erzählt hatte, meine spärlichen Spanischkenntnisse erlaubten es mir nicht, ihrer Unterhaltung zu folgen. Ganz offensichtlich hielten mich alle für absolut verrückt, nahmen mich aber auf eine Art und Weise auf, wie Sie es mit einem sehr netten, harmlosen Außerirdischen tun würden.

Jose und ich fuhren am späten Nachmittag zurück. Ich war erschöpft und erleichtert und glücklich, so viele gute Tonaufnahmen spanisch sprechender Reiter bekommen zu haben. Von Bier und Joints einmal abgesehen war Jose ein Pfundskerl gewesen. Den lieben langen Tag lang hatte er geduldig nach Reitern gesucht, zwischen uns hin- und herübersetzt, beim Herumschleppen der Ausrüstung und dem Beruhigen nervöser Pferde geholfen. Die Sonne begann unterzugehen, als Jose vorschlug, dass wir Feierabend machen und zu einem kleinen See fahren sollten, wo wir parken und dem Sonnenuntergang zuschauen könnten. Ich erklärte fest, dass ich dringend zurück musste, um die Aufnahmen zu sortieren und katalogisieren. Es folgte die vorhersehbare und universelle Konversation zwischen einem jungen, gesunden männlichen Säugetier und einem nicht interessierten weiblichen Säugetier. Jose gab sein Bestes, erkannte aber, dass er nichts erreichte. In seiner Verzweiflung sagte er schließlich zu der Frau, die den ganzen Tag lang besessen irgendwelche Geräusche aufgezeichnet hatte: »Treesha, bitte komm mit mir zum See. Ich kann so schöne Geräusche für dich machen.«

Hoffen wir an dieser Stelle, dass die Geräusche, die Sie für Ihren Hund machen, auch schön sind, nämlich leicht zu erkennen, leicht zu verstehen und so, dass man mit Freude auf sie hört. Wir sollten den pelzigen kleinen Herzen auf vier Pfoten ewig dankbar dafür sein, dass sie sich mit uns einlassen.

ACHTUNG!

Ihr Hund schaut zu

Es war dämmrig und deshalb schwer genau zu sagen, was diese beiden dunklen Flecke auf der Straße waren. Ich steuerte zufrieden mit siebzig Meilen zwischen einem Kombi und einem Lieferwagen über den Highway, auf dem Nachhauseweg von einer Hütehundprüfung. Aber als die schwarzen Schatten näher kamen, änderte sich meine heitere Laune schlagartig. Es waren Hunde. Lebende Hunde, zumindest im Moment noch. Wie einem Walt-Disney-Film entsprungen trotteten ein Golden Retriever und ein erwachsener Cattle Dog Mischling den Highway auf und ab, sich der Gefahr völlig unbewusst. Vor Jahren hatte ich mit ansehen müssen, wie ein Hund frontal von einem Auto erfasst worden war und ich würde viel darum geben, dieses Bild aus meinem Gedächtnis verbannen zu können. Es schien unausweichlich wieder so zu kommen.

Ich fuhr an den Rand und hielt hinter einem Lastwagen. Freunde aus der Prüfung, die vor mir fuhren, hatten die Hunde auch gesehen. Wir tauschten einen erschreckten Blick und rannten zurück in Richtung der Hunde. Der fließende Verkehr war wie ein reißender Fluss, wir auf der einen Seite und die Hunde jenseits der Fahrspuren am anderen Ufer. Sie sahen freundlich aus, an Menschen gewöhnt, vielleicht waren sie glücklich, etwas mit Beinen anstelle von Reifen zu sehen. Der Verkehr auf allen vier Spuren war schnell. Die Sicht war schlecht. Der Verkehrslärm war ohrenbetäubend; keine Chance, dass die Hunde uns hören und wir zu ihnen sprechen konnten. Genau im falschen Augenblick begannen die Hunde, quer über die Straße in unsere Richtung zu trotten. Wir wedelten mit den Armen wie Verkehrspolizisten und rannten auf sie zu, um sie zu stoppen. Sie stoppten, eine Sekunde bevor ein Bierlastwagen sie erfasst hätte. Einen Moment lang standen wir da wie angefroren. Die Verantwortung, genau das Richtige tun und durch unser Eingreifen zwischen Leben und sicherem Tod entscheiden zu müssen, wog auf uns wie eine Zentnerlast.

Wir »riefen« ihnen durch eine Lücke im fließenden Verkehr zu, sie sollten kommen, indem wir uns wie zur Spielaufforderung hinabbeugten und unsere Körper dann wegdrehten. Dann wieder drehten wir uns um und stoppten sie wie Verkehrspolizisten, wenn die Autos der nächsten Spur über den Hügel rasten – so schnell, dass ich sicher war, die Hunde würden überfahren. Dieser stille Tanz von Leben und Tod setzte sich fort, unsere Körper bewegten sich vor und zurück als einzige Möglichkeit der Verständigung durch den Lärm der Motoren. Es schien alles in Lichtgeschwindigkeit abzulaufen, die Hunde, die sich der Gefahr nicht bewusst auf uns zu bewegten, dann wieder stoppten, dann wieder nachkamen, wenn wir selbst unsere Körper bewegten, um sie durch den Verkehr zu lotsen.

Das reichte zusammen mit einem bisschen Glück aus. Nur mit einer Vorwärtsbewegung und Herausschleudern unserer Arme nach vorn konnten wir sie stoppen, und nur mit Rückwärtsgehen und Wegdrehen konnten wir sie dazu bringen, uns zu folgen. Keine Leinen, keine Halsbänder, keine Kontrollmöglichkeit außer unserer Körpersprache, die ihnen mit der Drehung des Oberkörpers »Stopp« oder »Kommt« sagte. Ich verstehe heute immer noch nicht ganz, wie sie es schafften. Aber sie schafften es. Ich werde ewig dafür dankbar sein, dass Hunde auf die richtigen visuellen Signale reagieren.

Alle Hunde sind brillant darin, die kleinsten unserer Bewegungen wahrzunehmen, und sie gehen davon aus, dass jede dieser feinen Bewegungen eine

Bedeutung hat. Das tun wir Menschen auch, wenn Sie einmal darüber nachdenken. Denken Sie an diese winzige Drehung des Kopfes, die Ihre Aufmerksamkeit erregte, als Sie sich damals mit jemand verabredet hatten? Überlegen Sie, wie wenig sich Lippen bewegen müssen, damit ein Lächeln zu einem hämischen Grinsen wird. Wie weit muss sich eine Augenbraue bewegen, damit sich die Botschaft ändert, die wir von diesem Gesicht lesen – zwei Millimeter? Auch im Sport haben kleinste Bewegungen große Bedeutung. Wir alle wissen, dass winzige Veränderungen in der Körperhaltung im Tennis den Unterschied zwischen einem As und einem Doppelfehler ausmachen können oder zwischen einem Birdie und einem Schlag in die Büsche beim Golf. Aber wir übertragen dieses Allgemeinwissen nicht automatisch auf unseren Umgang mit Hunden. Und ich habe verflixt nochmal keine Ahnung, warum nicht.

Wir tun es einfach nicht. Wir sind uns oft nicht einmal bewusst, wie wir uns in der Nähe unserer Hunde bewegen. Es scheint eine sehr menschliche Eigenschaft zu sein, dass wir nicht wissen, was wir mit unserem Körper tun, wo sich unsere Hände befinden oder dass wir gerade den Kopf geneigt haben. Gute Tiertrainer werden zum Teil deshalb gut, weil sie eine Achtsamkeit auf ihren eigenen Körper lernen, während sie mit einem Tier umgehen. Hundefreunde, die das noch nicht gelernt haben, senden wie außer Kontrolle geratene Signalmasten irgendwelche zufälligen Botschaften aus, während die Hunde dem Ganzen verwirrt und buchstäblich mit den Augen rollend zusehen. Ich schwöre, es gibt Momente, in denen ich fast Rauch aus den Hundeohren quellen sehen kann, während die armen Kerle die vielen verschiedenen Bewegungen ihrer nachlässigen Besitzer zu verarbeiten versuchen.

Hunde sind auf uns eingestellt wie Laser, egal, ob wir Menschen uns unserer Körper bewusst sind oder nicht. Sie »sprechen« mit Ihrem Körper zu Ihrem Hund, ob Sie es wissen oder nicht – also achten Sie lieber darauf, was Sie da so sagen. Aufrecht und mit geraden Schultern dazustehen anstatt in sich zusammengesackt kann ausmachen, ob sich Ihr Hund hinsetzt oder nicht. Eine Verlagerung Ihres Körpergewichts um einen Zentimeter vor oder zurück kann einen ängstlichen Hund zu Ihnen hinlocken oder von Ihnen wegjagen. Ob Sie regelmäßig atmen oder die Luft anhalten kann einen Kampf zwischen zwei Hunden verhindern oder auslösen. Ich habe über 16 Jahre lang etwa zehn Fälle ernsthafter Aggression bei Hunden pro Woche gesehen und schon früh gelernt, dass eine winzige Bewegung einen angriffslustigen Draufgänger in ein Lämmchen verwandeln kann. Oder mir zu einem Biss verhalf.

Sie erinnern sich, ich bin die Frau, die in ihrer Doktorarbeit untersucht hatte, wie bestimmte Geräusche von Natur aus auf Tiere wirken. Als ich aus der Forschung in die angewandte Verhaltenskunde überwechselte, war ich deshalb vor allem darauf programmiert, mich auf die Akustik zu konzentrieren. Und all meine praktische Arbeit hat immer wieder bestätigt, was ich gelernt habe: Wenn man lernt, Lautäußerungen korrekt einzusetzen, kann man seine Fähigkeit zur Kommunikation mit dem Hund radikal verbessern. Aber obwohl ich so aufs genaue Hinhören fixiert war, war eins der ersten Dinge, die mir auffielen, als ich mit dem professionellen Training von Hunden und ihren Menschen begann, wie sehr die Menschen auf die Worte achteten, die sie ihren Hunden gegenüber äußerten, während die Hunde vorzugsweise auf visuelle Signale zu reagieren schienen. Diese Beobachtung wurde für mich so faszinierend, dass ich zusammen mit zwei Studenten, Susan Murray und Jon Hensersky, einen Versuch machte, um herauszufinden, ob Hunde beim Lernen einer einfachen Übung stärker auf die Hör- oder auf die Sichtzeichen achteten. Die Studenten brachten sechseinhalb Wochen alten Welpen (je vier aus den Würfen von Beagles, Cavalier King Charles Spaniels, Border Collies, Australian Shepherds, Zwergschnauzern und Dalmatinern) »Sitz« sowohl auf Hör- als auch auf Handzeichen bei. Die Welpen hörten ein weiches »Piep« (anstelle des gesprochenen Wortes »Sitz«, weil es konstanter war, als ein Wort es sein kann), das von einer Uhr in der Hand des Trainers kam. Gleichzeitig sahen die Welpen, wie sich die gleiche Hand des Trainers in einem Aufwärtsbogen über ihren Kopf bewegte. Wir wollten den typischen Trainingsablauf nachstellen, in dem die meisten Besitzer ein Hör- und ein Sichtzeichen zur gleichen Zeit geben.

Jeder Welpe wurde vier Tage lang mit beiden Signalen gleichzeitig trainiert, aber am fünften Tag zeigte der Trainer dann nur noch jeweils eins der beiden Signale. In zufälliger Reihenfolge sahen die Welpen entweder die Handbewegung des Trainers oder hörten das Piep-Signal für »Sitz«. Damit wollten wir herausfinden, ob eine Art von Signal – das akustische oder das visuelle – zu mehr korrekten Reaktionen führte als das andere. Und so war es. Dreiundzwanzig von vierundzwanzig Welpen reagierten besser auf die Handbewegung als auf das Geräusch, nur ein Welpe setzte sich auf beides gleich gut hin.

Wie Sie sich vielleicht schon gedacht haben, waren die Border Collies und die Aussies die Stars bei den Sichtzeichen: Von 40 Versuchen lagen sie 37 Mal richtig (und nur sechs Mal bei 40 gegebenen Hörzeichen). Der Dalmatinerwurf setzte sich auf 16 von 20 Sichtzeichen hin, aber nur auf vier der Hörzeichen. Die Cavalier King Charles Spaniel zeigten den geringsten Unterschied zwischen Sicht- und Hörzeichen: Sie lagen bei 18 von 20 Sichtzeichen richtig und bei 10 von 20 Hörzeichen. Wer von Ihnen einen Beagle oder Zwergschnauzer besitzt, wird nicht überrascht sein, zu erfahren, dass diese Welpen sich insgesamt 32 von 40 Malen setzten, wenn sie das visuelle Sitz-Signal sahen, und genau kein Mal von 40 Malen, wenn sie das akustische Signal hörten. Und nun rufen Sie mal Ihren Beagle, wenn er im Wald einem Kaninchen hinterherrennt. Unsere Zahlenangaben sind ein wenig großzügig zu betrachten, denn natürlich kann ein Wurf unmöglich repräsentativ für eine ganze Rasse stehen. Aber wenn man die Welpen als Individuen betrachtet, sind sie statistisch signifikant und ergänzen die Erfahrung, die Hundetrainer überall auf der Welt machen: Während Sie plappern, schaut Ihr Hund hin.

Dieser Unterschied in der Fokussierung führt zu einer ganzen Reihe von Missverständnissen. Vor allem sind viele von uns, wie ich bereits erwähnte, uns völlig unbewusst darüber, welche visuellen Signale wir unseren Hunden senden. Selbst wenn Sie ein professioneller Hundetrainer sind, geben Sie vermutlich Ihrem Hund das ein oder andere Zeichen, dessen Sie sich gar nicht bewusst sind. Eine meiner Lieblingsübungen ist es, für ein paar Stunden völlig zu verstummen und mit meinen Hunden ausschließlich über meinen Körper zu kommunizieren. Wenn Sie so verbal veranlagt sind wie ich, kann das eine Rolle Klebeband erfordern. Niemand weiß, wie Ihr Hund reagieren wird, aber ich würde schätzen, dass viele Hunde plötzlich ziemlich gehorsam würden. Manche werden sogar regelrecht dankbar sein. Natürlich wird Ihr Hund besser gehorchen, wenn Sie bewusst mit Sichtzeichen trainiert haben, aber hier ist vor allem wichtig, dass *Sie* etwas lernen. Ich fand zum Beispiel heraus, dass ich immer mit dem Kopf nickte, wenn all meine Hunde zu mir gerannt kamen. Meistens denke ich dann darüber nach, was ich als Nächstes von ihnen verlangen soll. Offensichtlich muss das meistens »Sitz« sein, denn genau das tun meine Hunde, wenn ich absichtlich mit dem Kopf nicke. Sobald mir das einmal aufgefallen war, konnte ich mitten in einem Gewirr anderer Signale einmal mit dem Kopf nicken, und plopp – jeder einzelne Hundepopo ging zu Boden. Lustig, dass unsere Hunde all diese Gesten schon die ganze Zeit kannten. Wie Brian Kilcommons, ein respektierter Hundetrainer, einmal so schön sagte: »Was haben unsere Hunde schon sonst zu tun, als uns den ganzen Tag zu beobachten?« Hunde sind ultimativ von uns abhängig und haben wirklich guten Grund dazu, uns zwanghaft zu beobachten. Immerhin hängt ihr Leben davon ab. Und davon abgesehen sind sie Hunde, und das genau ist es nun einmal, was Hunde tun.

Aber selbst wenn wir geschwätzigen Primaten uns bewusst sind, was wir gerade mit unserem Körper tun, sehen wir durch einen Primatenfilter, während sie auf den Kanidenkanal eingestellt sind. Und das führt zu keiner geringen Zahl an Übersetzungsproblemen. Stellen Sie sich vor, Sie sehen jemanden mit Lächeln im Gesicht und ausgestreckter Hand auf sich zukommen. Er schaut tief in Ihre Augen. Wie höflich, wie bemüht! Wenn Sie nahe genug herankommen, strecken Sie vielleicht Ihre Hand aus, um seine zu schütteln oder Sie schlingen sogar beide Arme zu einer warmen Umarmung um Hals und Brust des Gegenübers. Vielleicht bewegen Sie auch Ihr Gesicht zu seinem und küssen seine Wange. Das Höchste an Freundlichkeit ist es, dem anderen tief in die Augen zu schauen und direkt auf den Mund zu küssen. Hmmmmmm. Wünschen wir uns nicht alle jemanden, den wir so sehr mögen, dass wir ihn so begrüßen? Nicht, wenn Sie ein Hund sind. Die ach-so-höfliche Primatenannäherung ist in der hündischen Gesellschaft geradewegs grob rüpelhaft. Sie könnten einem Hund ebenso gut auf den Kopf pinkeln. Natürlich lernen viele Hunde, Umarmungen zu ertragen oder vielleicht sogar zu mögen, aber sie sind nicht von Natur aus darauf programmiert.

Es sind gleich mehrere Signale, deretwegen eine menschliche Begrüßung einem Hund den Tag verderben kann. Neben der Bedrohung durch den direkten Blickkontakt und der groben sozialen Ungezogenheit einer ausgestreckten Pfote fragt sich, was Hunde von uns denken sollen, wenn wir uns über sie beugen? Selbst die leichteste Vorwärtsbewegung ist für einen Hund von Bedeutung, ebenso wie ein kaum wahrnehmbares Zurückneigen des Oberkörpers. Wenn Hunde uns anspringen, neigen wir Menschen zum Zurückweichen, genau wie Sie es tun würden, wenn ein mit Goldkettchen behängter Typ in einer Kneipe Ihnen auf die Pelle rückt. In der Hundesprache heißt Ihr Zurücklehnen aber leider »Komm nach vorn«. Während Sie also NEIN sagen, sagt Ihr Körper JA. Mit Sicherheit ist das einer der Gründe dafür, warum Hunde uns immer wieder anspringen. Hunde stoppen andere Hunde mit »Bodyblocks«, indem sie sich auf sie zubewegen und den Raum einnehmen, bevor der andere Hund es tun kann. Wenn ich einen hochspringenden Hund abblocken möchte, achte ich bewusst darauf, mich nicht zurückzulehnen oder zurückzugehen. Stattdessen bewege ich meinen Oberkörper (den wichtigsten Körperteil) nach vorn, in Richtung Hund. Bewegen Sie sich nach vorn, stoppen die meisten Hunde; bewegen Sie sich zurück, kommen sie näher. Wir Menschen machen das umgekehrt. Würden Sie versuchen, besagten Typ in der Kneipe abzuwimmeln, indem Sie sich näher auf ihn zubewegen? Ich denke nicht. Wenn Sie sich auf einen freundlichen Menschen zubewegen, wird dieser Ihre Bewegung spiegeln. Wenn Sie zurückweichen, wird er – wenn Sie Glück haben – aufhören und von Ihnen ablassen.

Wir müssen also mehr tun, als uns nur unseres Körpers und unserer Körperbewegungen bewusst zu werden. Wir müssen uns bewusst sein, wie Hunde sie deuten. Und wir dürfen nie vergessen: Wenn ein Signal bedeutungsvoll ist, reicht die kleinste Andeutung davon aus, dass es eine machtvolle Wirkung hat. Wir teilen sie mit Hunden, diese Reaktionsfreudigkeit auf bedeutungsvolle Bewegungen, was in unserer Beziehung zu ihnen sowohl Segen als auch Fluch ist.

An jenem trüben Abend auf dem Highway war sie ein Segen. Nachdem die Hunde es erfolgreich über die Fahrspuren geschafft hatten, hielten wir sie mit Schraubstockgriff an ihren Halsbändern fest und lachten und weinten gleichzeitig vor adrenalingeladener Erleichterung. Von meinem Autotelefon aus rief ich die Tierarztnummer an, die auf ihren Adressmarken stand. Der Landtierarzt, der zufällig gerade auf dem gleichen Highway vom Rückweg einer kranken Milchviehherde war, war in weniger als zehn Minuten zur Stelle. Noch in derselben Stunde waren die Hunde wieder zuhause. So wie es aussah, hatte der junge Cattledog-Mix den älteren Golden zu einem Ausflug ins Niemandsland verführt. Am nächsten Tag rief ich die Besitzerin an. Wir weinten beide vor Kummer darüber, was hätte passieren können und waren außer uns vor Freude darüber, was stattdessen wirklich passiert war.

Die Hunde leben, weil wir Glück hatten, weil die Göttin der Hunde über uns wachte und weil wir wussten, wie wir mit unseren Körpern zu ihnen sprechen mussten. Achten Sie auf Ihren Körper. Ihr Hund tut es auch.

TRAFEN SICH ZWEI

Den Verständigungsgraben überbrücken

Es war Frühling, und Tulip war entrückt. Jedes Gramm ihrer fünfundvierzig Kilo zitterte erwartungsvoll über dem toten Eichhörnchen und sog den Duft ein, der diesem Recyclingprodukt der Natur entströmte. Im Duftbad versunken, muss Tulip mich rufen gehört haben, denn sie drehte ihren Kopf ganz kurz in meine Richtung und wendete sich dann wieder den wirklich wichtigen Dingen im Leben zu – etwas von diesem wunderbaren Duft in ihr langes, weißes Fell zu reiben. Tulip schätzt ein schönes Wälzen auf einem sich zersetzenden Tier so, wie ich ein ausgiebiges Lavendelschaumbad schätze. Wie oft habe ich ihr schon zugesehen, wie sie sich schmachtend und mit einem breiten Grinsen im Gesicht auf den Rücken rollte und die Duftessenz von totem Eichhörnchen, Kuhfladen, totem Fisch oder Fuchskötteln in ihren Pelz rieb?

»Tulip«, schrie ich wieder und ging nun näher auf sie zu. Dieses Mal zuckte sie nicht mit einem Ohr. Nicht die leiseste Wahrnehmung meiner Existenz.

Mein Rufen war diesmal lauter, weil ich langsam wahnsinnig wurde, wie ich da im strömenden Regen stand und klitschnass wurde, weil mein riesiger, ferkeliger Hund mich abblitzen ließ. In etwa einer halben Stunde erwartete ich Gäste zu einem gepflegten Abendessen. Es sah ganz danach aus, als ob wir dabei Gesellschaft von einem riesigen, nassen Hund haben würden, der roch wie der Tod persönlich. Aber sie wälzte sich gar nicht in dem matschigen Zeugs unter ihr, weil ich zur Besinnung kam, aufhörte, einfach nur ein Mensch zu sein und begann, mich wie ein Hundetrainer zu benehmen. »Nein«, sagte ich, diesmal ruhig, aber mit grabesschwerer Stimme. Tulip hörte auf zu schnüffeln und drehte ihren großen Quadratschädel, um mich direkt anzuschauen. »Tulip, komm!« Mein »Komm« klang wie die Einladung zum Kaffeetrinken an einen Nachbarn. Mit einem kurzen Blick auf den Schatz unter ihr drehte sich Tulip wie eine Ballerina um und rannte zu mir. Ich antwortete mit einem Nachlaufspiel bis zum Haus und ließ meinen armen, leidgeprüften Fußboden einmal mehr schlammig werden, während wir gemeinsam zu Tulips Lieblingskäse im Kühlschrank strebten.

Tulip hatte von Anfang an genau das getan, was ich ihr gesagt hatte. »Tulip«, hatte ich zuerst gesagt und damit »komm her« gemeint, aber eben, menschlich wie ich bin, nur ihren Namen gesagt und erwartet, dass sie meine Gedanken lesen und meinem unausgesprochenen Wunsch folgen könnte. Sie hatte höflich von meiner Anwesenheit Notiz genommen und eine hündische Version von »Wow, guck mal! Ich hab ein totes Eichhörnchen gefunden und es sind MADEN drin!«, um dann dort weiterzumachen, wo ich sie unterbrochen hatte. Als ich ihren Namen zum zweiten Mal rief, gab ihr das keine weitere Information als beim ersten Mal. Als ich ihr aber klar mitteilte, was ich wollte, tat sie exakt das Verlangte. Tulip hat gelernt, dass »Nein« bedeutet: »Tu nicht, was du gerade tust« und dass »Tulip, komm« bedeutet: »Bitte hör mit dem auf, was du gerade tust und komm sofort her.« Sie tat es, sobald ich mich zusammengerissen und ihr gesagt hatte, was ich von ihr wollte. Ich bin professionelle Hundetrainerin. Meine Dissertation handelte von akustischer Kommunikation zwischen Ausbildern und ihren Arbeitstieren. Man sollte meinen, dass ich das im Griff haben sollte. Aber die Sache hat einen Haken: Ich bin ein Mensch.

Im Hundetraining geht es nicht nur um Hunde. Es geht auch um Menschen. Die meisten professionellen Hundetrainer verbringen mehr Zeit mit dem

Trainieren der Hundebesitzer als mit dem Trainieren der Hunde. Bleiben Sie abends nach der Trainingsstunde einmal etwas länger in der Hundeschule und hören Sie der Unterhaltung der Lehrer zu. Sie werden von diesem niedlichen English Cocker und jenem zweifelhaften Labradormix reden hören, aber vor allem werden Sie etwas über Bob, Martha und Elisabeth hören. Ich werde hier nicht darauf herumreiten, was über Bob, Martha und Elisabeth gesagt wird – professionelle Höflichkeit und so –, aber wir können festhalten, dass es ganz schön frustrierend sein kann, Menschen zum Trainieren ihrer Hunde zu trainieren. Abgesehen von der Aussage »Die meisten Hunde haben vier Pfoten« kann ich mir nur eine einzige Sache vorstellen, in der sich eine größere Gruppe von Hundetrainern absolut einig wäre: Menschen sind schwieriger zu trainieren als Hunde.

Woran könnte das liegen? Unsere Neigung, uns selbst immer wieder sinnlos zu wiederholen, ohne vernünftigen Grund laut zu werden und wenig Bewusstsein für unsere Körpersprache zu haben, hilft unseren Hunden nicht, uns zu verstehen, und trotzdem scheinen wir es immer wieder zu tun. Vielleicht stimmen Sie ja einem Freund von mir zu, der auf meine Frage, warum wir Menschen uns so benehmen, zur Antwort gab: »Gib's auf, Trisha, wir sind halt einfach Idioten.« Das ist die eine Antwort, und ihre einfache Direktheit hat etwas für sich. Aber ich mag Menschen. Ich mag sie genauso gerne, wie ich Hunde mag. Wir können schlau, großzügig, fröhlich und endlos amüsant sein. Aber wir sind keine unbeschriebenen Blätter, die völlig unbelastet ins Hundetraining kommen. Auch wir sind Tiere, und wir können unser biologisches Gepäck nicht am Bahnhof zurücklassen. Sowohl Hunde als auch Hundefreunde sind von ihrem jeweiligen evolutionären Hintergrund geformt, und das, was jeder von uns in die Beziehung mitbringt, beginnt mit unserem evolutionären Erbe. Auch wenn unsere Ähnlichkeiten ein bemerkenswert festes Band zwischen uns knüpfen, so sprechen wir doch beide unsere jeweilige »Muttersprache«. Und bei der Übersetzung geht viel verloren. Genauso wie wir viel über Hunde gelernt haben, indem wir ihre Vorfahren, die Wölfe, beobachtet haben, so haben wir auch viel zu gewinnen, indem wir uns selbst als die gefühlsduseligen, verspielten und Drama-liebenden Primaten zu sehen versuchen, die wir nun einmal sind.

Schauen Sie mal, was ich Tulip anfangs mitgeteilt habe: Zuerst rief ich sie beim Namen und sie reagierte exakt so, wie Sie reagieren würden, wenn gerade jetzt, wo Sie dieses Buch lesen, jemand Sie beim Namen rufen würde. Ein kurzes Aufschauen, vielleicht ein schneller Kommentar (»Moment noch, ich bin fast mit dieser Seite fertig.«). Wer weiß, was Tulip mir in Hundesignalen »sagte«, als sie ihre Aufmerksamkeit wieder der für sie interessanteren Alternative zuwandte. Tulip hatte nichts Falsches gemacht. Ihre Reaktion war sozial recht vernünftig. Aber wir Hundehalter sagen die Namen unserer Hunde ständig als Ersatz dafür, was wir von ihnen möchten und gehen davon aus, dass sie unsere Gedanken lesen können und wissen, was wir eigentlich wollen. Und das machen wir nicht nur mit unseren Hunden so – fragen Sie mal einen beliebigen Eheberater, wie gut die meisten Paare darin sind, sich gegenseitig zu sagen, was sie möchten. So wie Hunde als Welpen einen unwiderstehlichen Drang zum Nagen und freundlichen Beißen verspüren, können wir Menschen offenbar kaum anders, als den Namen eines Hundes zu sagen, anstatt ihm mitzuteilen, was wir von ihm möchten.

Fügen Sie nun noch unsere primatenhafte Tendenz hinzu, uns ständig zu wiederholen, und es ist ein reines Wunder, dass sich Hunde überhaupt mit uns abgeben. Die meisten Hundeerziehungsbücher raten uns, dass wir Kommandos nie wiederholen sollen, und doch tut jeder Hundebesitzer genau das – so gut er als Trainer auch sein mag. Sehr gute Trainer tun es lediglich seltener. Das sollte uns nicht überraschen – hören Sie einmal einer Gruppe von Schimpansen zu und Sie werden eine Reihe von Geräuschen hören, die wie folgt klingt: »Hu.« »Hu Hu.« »Hu hu HU HU HU!« Bei Aufregung beginnen viele Tierarten, den gleichen Laut immer wieder zu wiederholen, und wir machen da keine Ausnahme.

Aber das Gleiche nochmal zu sagen ist nicht genug. Sprachwissenschaftler haben noch etwas Interessantes herausgefunden: Wenn wir zu jemandem sprechen, der nicht versteht, was wir sagen, wiederholen wir Menschen exakt das, was wir zuvor schon gesagt haben, aber diesmal lauter. So war es nicht weiter überraschend, als die Studentin Susan Murray und ich herausfanden, dass Menschen das Gleiche mit Hunden tun. Ein vom Hund ignoriertes Sitz-Kommando führt zu einem wiederholten, aber diesmal lauteren »Sitz«. Wir benehmen uns, als könnte die Lautstärke selbst irgendwie die nötige Energie schaffen, um unsere Hunde zum Tun des Gewünschten zu bringen. Gibt es irgendjemand auf der Welt, der nicht mindestens einmal seinen Hund mit »Ruhe!« angeschrien hat? Die Ironie dieser nutzlosen Reaktion entgeht uns dabei im Eifer des Gefechts. Bellen ist ansteckend, und logisch betrachtet liegt es nah, dass Ihr Hund es als Aufforderung zum Mitbellen verstehen muss, wenn Sie laut werden. Unsere armen Hunde müssen uns für Irre halten, wenn wir wütend auf sie werden, weil sie auf unser Lautwerden hin nicht das Maul gehalten haben. Aber trotzdem tun wir es, weil es nun einmal das ist, was aufgeregte Primaten tun: Sie werden laut.

Diese Neigung zum Lauterwerden scheint ein integraler Bestandteil unseres Primatenerbes zu sein, weil die Fähigkeit zum Radaumachen uns schneller die soziale Leiter hinaufklettern lassen kann als der Kauf eines neuen BMW. Eine der Möglichkeiten, innerhalb der Gruppe höheren Status zu erlangen, besteht bei Schimpansen im Gegensatz zu Hunden darin, mehr Lärm zu machen als ihre Konkurrenten. Wer aber ist der Hund mit der größten Autorität? Es ist nicht der bellende und vorspringende Hund, der mich mit seinem Selbstbewusstsein beeindruckt, sondern es ist der bewegungslos und ruhig werdende. Was um alles in der Welt müssen Hunde von uns denken, wenn wir die Kontrolle auf eine Art und Weise zu gewinnen versuchen, die in ihrer Welt ganz klar wie ein Kontrollverlust aussieht? Menschen beizubringen, mit dem Schreien aufzuhören und andere Methoden zu lehren, wie sie die Aufmerksamkeit ihrer Hunde gewinnen können, ist schwierig. So schwierig, dass Hundetrainer mit dem Kopf schütteln und einen kollektiven Seufzer tiefster Frustration ausstoßen.

Aber unser Umgang mit Lauten ist nicht die einzige Herausforderung, der wir in der Kommunikation mit einer anderen Spezies gegenüberstehen. Als ich wollte, dass Tulip näher zu mir kam, bewegte ich mich auf sie zu – Primatin die ich bin. Eine wunderbare Sache, wenn man das einem anderen Primaten gegenüber tut: Einen Schritt oder zwei nach vorn zu gehen und dabei vielleicht noch die Hand auszustrecken ist eine freundliche und unbedrohliche Art, jemandem seine guten Absichten zu signalisieren. Aber gegenüber einem Caniden? Alle Hundetrainer wissen, dass eine direkte, frontale Annäherung nach den hündischen Etiketten einfach ein Unding ist. Forsch nach vorn gehen, Kopf voraus, eine Pfote ausgestreckt? Der Knigge der Hundewelt wäre schockiert. In Primatensprache sagte mein Körper also: »Hallo! Ich würde gerne engeren sozialen Kontakt mit dir aufnehmen.« In Hundesprache sagte er: »Stopp! Komm nicht näher!«

Als ich vom Modus »zerstreute Frau, die an ihr Abendessen denkt« auf den Modus »Hundetrainer« umschaltete, war es ganz einfach, Tulip zum Tun des von mir Gewünschten zu bewegen. Ich sagte ihr, sie solle mit dem aufhören, was sie gerade tat und ließ sie dann klar wissen, was ich von ihr wollte. Abgesehen davon, dass ich ihr zuvor (mit Hilfe guter Leckerchen) beigebracht hatte, auf ein ruhiges »Nein« hin ihr aktuelles Tun zu unterbrechen, hatte ich in diesem Moment »Komm« auf Hundesprache gesagt, indem ich mich von ihr WEGDREHTE und mich in die Richtung bewegte, in die sie kommen sollte. (Von einem guten Agilitytrainer oder Hütehundausbilder werden Sie oft zu hören bekommen: »Wo sind Ihre Füße?« Sie wissen, dass Ihr Hund in die Richtung strebt, in die Ihre Fußspitzen zeigen, während wir Primaten dümmlich mit unseren Patschehändchen zeigen.) Als ich also »Komm« mit eher freundlich anstatt bedrohlich klingender Stimme sagte, beugte ich meinen Oberkörper in Nachahmung einer hündischen Spielaufforderung leicht vor, drehte ihn von Tulip weg und begann von ihr wegzulaufen, wobei ich in die Hände klatschte. Unwiderstehlich? Zumindest war es das an diesem Abend für Tulip. Wenn es nicht funktioniert hätte, hätte ich das Rufen sein gelassen, wäre mit etwas in Hundenasen wunderbar Duftendem zu ihr hin gegangen (die meisten Hundetrainer kann man an den seltsamen Gerüchen erkennen, die ihren Taschen entsteigen), hätte das vor ihrer Nase geschwenkt und sie damit weggelockt. »Komm« und »gutes Mädchen« hätte ich gegurrt, während sie meinem stinkenden Leckerchen gefolgt wäre, das sie erst bekommen hätte, wenn sie das Eichhörnchen verlassen hätte und mir ein paar Meter weit gefolgt wäre.

»Komm« zu rufen und dann als Aufforderung und Belohnung gleichzeitig von einem Hund wegzulaufen kann zu recht spektakulären Gehorsamsreaktionen führen. Meine Fortgeschrittenenklasse hat es gerade geschafft, ihre Hunde von wegrennenden Schafen abzurufen, genauso wie von Schafskötteln (soooo lecker!) und von anderen Hunden, die gerade Lebercracker zur Belohnung bekamen. Die Hunde bekamen einen Ball zur Belohnung, die Menschen eine Pause. Und wir alle grinsten ziemlich dämlich.

Ein guter Rückruf ist nur ein Beispiel dafür, was einen professionellen Hundetrainer von den meisten Hundebesitzern unterscheidet. Ein weiteres ist die Fähigkeit, das sein zu lassen, was für unsere Spezies natürlich ist und das zu tun, was Hunde verstehen können. Wir können unseren Hunden beibringen, die verschiedensten von uns gegebenen Signale zu verstehen, aber warum sollten wir es ihnen nicht leichter machen, indem wir selbst lernen, wie unser natürliches Kommunikationssystem sich von ihrem unterscheidet? Geschäftsleute, die viel international reisen, belegen Seminare dazu, wie ihre Körpersprache, ihre Tonalität und ihre amerikanischen Gewohnheiten in anderen Ländern verstanden werden. Wäre es nicht sinnvoll, das Gleiche auch mit einer Spezies zu tun, die so vollkommen anders ist als wir?

Denken Sie also daran, dass es bei der »Erziehung« Ihres Hundes nicht nur um Ihren Hund geht. Und genau wie jeder gute Hundetrainer großzügig und nachsichtig ist, während der Hund neue Dinge lernt, ist es vielleicht auch sinnvoll, sich selbst eine kleine Pause zu gönnen, wenn Sie feststellen, dass Sie mal wieder allzu menschlich waren. Schließlich mögen die meisten Hundefreunde auch viele andere Tierarten, und auch wir sind letzten Endes nur Tiere. Wenn Sie sich das nächste Mal dabei ertappen, wie Sie von Ihrem Hund das Lesen Ihrer Gedanken erwarten, wie Sie wie ein aufgeregter Schimpanse ein Kommando wiederholen oder wie Sie Ihren Hund am Näherkommen hindern, wenn Sie ihn zu sich rufen, dann stellen Sie sich doch einfach vor, Sie würden eine Naturdokumentation über eine sehr interessante Spezies im Fernsehen sehen – über Sie. Immerhin scheinen Hunde uns genauso gern zu mögen, wie wir sie mögen, und ich habe den größten Respekt vor ihrer Meinung.

DUFTVORLIEBEN

Sie haben mehr mit Ihrem Hund gemeinsam, als Sie denken

Jedes Jahr pflegte eine Fuchsfähe ihre Babys in einem Bau hinter meiner Scheune aufzuziehen. Ich sage pflegte, denn in diesem Frühjahr ist sie nicht da. Vermutlich ist ein frühzeitiger Tod durch Räude der Grund ihrer Abwesenheit. Letztes Jahr hatte eine Räudeepidemie die Füchse, Kojoten und Wölfe Wisconsins dahingerafft, und weil zwei der auf unserem Grundstück wohnhaften Füchse in der Scheune gestorben waren, hatten auch zwei meiner Hunde die Räude bekommen. Ich möchte Ihnen die Details ersparen, aber es war nicht hübsch. Tulip bekam sie als Erste, nachdem sie stolz mit dem schlaffen, mageren Fuchskadaver in ihrem Maul aus der Scheune getrottet war. Der hübsche Cool Hand Luke bekam sie als Nächster, und das Schlimmste dabei war, dass es ihm mit dem nackten Schwanz und Hinterteil schwer fiel, weiterhin nobel auszusehen. Die fünf Monate Quarantäne und Behandlung waren nicht sehr lustig, und Sie können sich vorstellen, dass ich damals niemals wieder einen Fuchs sehen wollte.

Und doch habe ich gemischte Gefühle zum Verschwinden meiner Fähe. Sicherlich war ich im Laufe des letzten Sommers regelrecht darauf konditioniert worden, mir beim Anblick eines Fuchses Sorgen zu machen. Würde er mir die Räude zurückbringen? Aber vor der Epidemie, die wie die meisten Zyklen in der Natur gekommen und wieder gegangen war, hatte mich ihre Anwesenheit begeistert. Jedes Frühjahr sah ich zu, wie sie ihre Kleinen keine fünfzig Meter von meiner Scheune entfernt zwischen einem Weg und einer steilen, bewaldeten Böschung aufzog. Ich mochte ihre Babys, wie sie an verzauberten Abenden auf dem Rasen spielten und wie Frösche um die weißen und rosafarbenen Pfingstrosenbüsche hüpften. Ich mochte ihr heiseres Bellen und sah ihr zu, wie sie frühmorgens mit Futter für ihre Welpen zielstrebig über die Landstraße getrabt kam.

Aber schon vor der Räude hatte die Fähe etwas mitgebracht, das meine Freude dämpfte. Einen Geruch. Einen so strengen und furchtbaren Geruch, dass es einen würgen konnte. Wenn sie ihn ja wenigstens für sich behalten hätte, wäre das die eine Sache gewesen. Aber das tat sie nicht. Gewissenhaft markierte sie meine Farm jede Nacht mit ihrem Geruch und hinterließ feine kleine Häufchen von Fuchskötteln an meiner Vortüre. Die Häufchen an sich waren nicht das Problem. Vielmehr waren es meine Hunde, denn sie warfen sich mit Begeisterung in die Hinterlassenschaften und rieben sie sich in ihre Krägen, als ob sie etwas Unbezahlbares wären. Wenn Sie noch nie einen Hund gerochen haben, der sich gerade in Fuchskötteln gewälzt hat, haben Sie es etwas besser als wir anderen. Es ist ein furchtbarer Gestank, abstoßend und wie bei einem Stinktier, und er haftet am Hund wie eine Klette.

Ich würde niemals behaupten, dass ich verstehe, was im Kopf meiner Hunde vorgeht, wenn sie sich in Fuchskötteln rollen. Und natürlich sind es nicht nur Fuchsköttel, die ihre Aufmerksamkeit erregen. Wie alle Hunde finden sie das Objekt umso attraktiver, je mehr es stinkt – toten Fisch, frische, matschige Kuhfladen (je flüssiger, desto besser) und teilweise vertrocknete Eichhörnchenkadaver eingeschlossen. Maden sind ein zusätzliches Plus und ein echtes Mehrwertprodukt in der Hundeökonomie. Unmöglich, sich vorzustellen, dass Hunde beim Rollen in irgendwelchem Schleim keinen Spaß haben. Ihre Augen beginnen zu glänzen und ihre Lefzen verziehen sich zu einem entspannten Grinsen, wenn sie in den Schultern einknicken und ihren Rücken in irgendeinem fauligen, verrottenden Zeugs reiben. Wenn sie sich davon überzeugt haben, dass sie sich nun genügend eingesalbt haben, traben sie erhobenen Hauptes in dem gleichen selbstbewussten Gang nach Hause, den wir an den Tag legen, wenn das Leben gerade schön ist und der Tag uns gehört.

Ungefähr eine Myriade Theorien versucht zu erklären, warum Hunde sich in stinkenden Dingen wälzen, aber sie sind alle nur Vermutungen. Eine der bekanntesten ist, dass Hunde ihren eigenen Geruch auf die »Ressource« bringen, um sie damit als ihren Besitz zu kennzeichnen. Ich finde diese Theorie nicht überzeugend, weil Hunde ständig und überall Ressourcen als ihren Besitz markieren, indem sie darauf oder in der Nähe Kot absetzen oder urinieren. (Tulip, die als Herdenschutzhündin draußen auf den Weiden aufgewachsen ist, hockt sich immer noch zum Pinkeln an Ort und Stelle hin, wenn sie ihr letztes Häppchen Abendessen aufgefressen hat.) Wenn Hunde die Ressource markieren wollten, warum pinkeln sie dann nicht einfach darauf, wie sie es mit all den anderen Dingen auch tun, die sie markieren möchten? Andere haben vermutet, dass Hunde als Raubtiere versuchen, ihren Eigengeruch vor Beutetieren zu verbergen, indem sie nach etwas anderem riechen. Ich weiß nicht – ich frage mich, ob sie nicht einfach riechen wie ein Hund oder Wolf, der sich in etwas Stinkendem gewälzt hat. Davon abgesehen – wenn ich ein verletzliches Beutetier wäre und riechen würde, wie sich ein vierzig Kilo schweres totes Eichhörnchen auf mich zubewegt, würde ich vermutlich etwas nervös werden. Hauptsächlich bin ich aber wegen des Verhaltens der Beutetiere selbst so sonderlich begeistert von dieser Theorie. Arbeitende Border Collies verschaffen einem eine gute Vorstellung davon, wie Tiere, zumindest Huf- und Klauentiere, auf die Welt um sich herum achten. Schafe, Rehe und Pferde sind hochgradig visuell veranlagt und halten ständig Ausschau nach Hinweisen auf Raubtiere. Das ist einer der Gründe dafür, warum ihre Augen seitlich am Kopf sitzen: So können sie immer ein wachsames Auge behalten, wenn ihr Kopf zum Grasen gesenkt ist. Zweifellos ist bei manchen Spezies auch der Geruch wichtig zur Erkennung von Raubtieren, aber das Sehen ist es auch. Ich glaube nicht, dass es irgendeinen großen Unterschied macht, wenn der um die Herde schleichende Wolf nach etwas anderem riecht. Der »Tarngeruchtheorie« kann ich mich also ebenfalls nicht anschließen.

Meine Lieblingstheorie ist die, die ich »Typ-mit-dem-Goldkettchen-Hypothese« nenne. Sie geht davon aus, dass Hunde wie andere Caniden für ihren

Lebensunterhalt sorgen. Hunde und Wölfe sind nicht nur Jäger, sondern auch Aasfresser, und Aasfresser können nicht übermäßig wählerisch sein und erwarten, dass sie ihr Fleisch immer kühlschrankfrisch bekommen. Sie fressen, was es gerade gibt und möchten am liebsten in einem Revier leben, in dem möglichst viel Futter vorhanden ist. Vielleicht, so hat man vermutet, wälzen sich Hunde auf Kadavern oder stinkenden Fäkalien, um damit anderen Hunden mitzuteilen: »Hey, sieh mich an, ich wohne in einem Nobelbezirk voller guter Sachen.« Diese Theorie scheint mir die plausibelste zu sein.

Aber vielleicht gibt es da auch noch etwas anderes. Vielleicht, nur vielleicht, tun sie es aus dem gleichen Grund, aus dem wir Parfüm auflegen. Sie mögen den Duft. Und genauso, wie wir uns parfümieren, um anziehend auf andere zu wirken, tun wir es auch, um uns selbst eine Freude zu machen. Vielleicht lässt es Hunde gut riechen – für sie selbst und für andere Hunde. Stanley Coren vertritt die gleiche Theorie in seinem Buch *Die Geheimnisse der Hundesprache*, in dem er erklärt, das Wälzen in widerlichen (zumindest für uns widerlichen) Gerüchen sei die Entsprechung zum »gleichen missverstandenen Sinn für Ästhetik, der Menschen dazu bringt, schreiend bunte Hawaiihemden zu tragen«. Irgendwie hilft es mir ab jetzt beim Baden eines schleimig-grünlichen Hundes, wenn ich ihn mir in einem lila- und orangefarbenen Blumenhemd, weiten Shorts und furchtbaren Socken vorstelle.

Und was ist mit uns? Auch wir Menschen bringen seltsam fremde Gerüche auf unsere Körper. Nur mögen wir eben andere. Was müssen Hunde von einer Spezies denken, die den Schleim aus den Bäuchen von Hirschen (Moschus), eine glitschige Flüssigkeit aus Walsperma (Ambra), Sekrete aus Analdrüsen (Zibet) und den Genitalien von Pflanzen (Blüten sind Fortpflanzungsorgane, schlicht und einfach) über ihren ganzen Körper schmiert? Wir scheinen dieses Zeugs ebenso sehr zu lieben wie Hunde einen guten Eichhörnchenkadaver lieben. Die Parfümindustrie sorgt jedes Jahr für fünf Milliarden Dollar Umsatz. Neue Düfte werden in geheimen Tests entwickelt, die so sorgfältig gehütet werden wie die Verfahren zur Herstellung biologischer Kampfstoffe. Parfüm und wohlriechende Produkte wie Badeöl sind das ultimative Weihnachts- und Geburtstagsgeschenk. Fast jeder riecht gerne gut und etwas Gutes. Über diesen Aspekt der Welt des Geruchs sind wir uns sehr bewusst. Wir nehmen wahr, ob die Luft frisch und lieblich oder schwer und faulig riecht. Mundgeruch kann eine Unterhaltung vergiften und ein sozialer Albtraum für seinen

Verursacher sein. Manche Menschen können sich nach dem Geruch eines geliebten Menschen oder eines Kindes sehnen, als hungerten sie nach lebenswichtiger Nahrung. Fast alles, das wir kaufen, ist parfümiert, ob es uns auffällt oder nicht. Den Herstellern ist das sehr bewusst. Sie wissen zum Beispiel, dass gut riechende Möbelpolitur als wirksamer eingestuft wird als die exakt gleiche Politur ohne Geruchsstoffe.

Unsere Duftbesessenheit ist nicht neu. Im antiken Kreta rieben sich die Athleten vor der frühen Version der Olympischen Spiele mit duftenden Ölen ein. Alexander der Große liebte Parfüm und Weihrauch, wie alle Männer der Antike. Syrer, Babylonier, Römer und Ägypter mochten alle den Duft von Blumen, Sandelholz und Safran. Das erste Geschenk an das Jesuskind war Wohlgeruch. Obwohl wir also unseren Geruchssinn in weiten Bereichen unseres Lebens ignorieren, teilen wir mit unseren Hunden die Lust daran, uns mit Düften zu umgeben, die uns selbst und anderen ein gutes Gefühl verschaffen.

Was wir allerdings nicht miteinander teilen, ist das Verständnis von »gutem« und »schlechtem« Geruch. Wir sind nicht die Einzigen, die von den olfaktorischen Interessen des Wesens am anderen Ende der Leine abgestoßen werden. Haben Sie je Ihr Lieblingsparfüm oder -aftershave aufgelegt und Ihren Hund daran schnüffeln lassen? Ich habe eben ein wenig Chanel No. 5, einen echten Klassiker aus Jasmin und anderen lieblichen Blütendüften, auf mein Handgelenk gesprüht und meine Hunde daran riechen lassen. Luke und Lassie schnüffelten, drehten ihre Köpfe (und Mägen?) und wichen zurück. Tulip und Pip bestanden darauf, mein Handgelenk zu ignorieren und schnüffelten nach, ob Futter in meiner Hand versteckt war. Als sie sich endlich überzeugt hatten, dass da kein Leckerchen war, beschnüffelten sie mein Handgelenk und rümpften ihre Nasen. Wenn sie gekonnt hätten, so habe ich den Verdacht, hätten sie mich nach draußen unter den Gartenschlauch gezerrt und dieses ekelhafte Geschmier von Parfüm abgerubbelt, während sie eine hündische Version von so etwas wie »Gib mir nicht die Schuld an diesem Bad, ich habe dieses ekelhafte Zeugs nicht über deinen Körper verteilt« äußern würden.

Es ergibt einen Sinn, dass wir uns von unterschiedlichen Arten von Gerüchen angezogen fühlen. Allesfresser wie die frühen humanoiden Primatenvorfahren waren ständig auf der Suche nach reifen, saftigen Früchten und fühlten sich deshalb von fruchtigen und blumigen Düften angezogen. Hunde sind Jäger und Aasfresser, die sich vom Duft reifer Kadaver eher angezogen als abgestoßen fühlen. Im großen Gesamtzusammenhang betrachtet ist die eine Vorliebe nicht mehr und nicht weniger sinnvoll als die andere. Wenn man einmal darüber nachdenkt, ist das Baden in Pflanzengenitalien oder Walsperma auch nicht an sich vernünftiger als das Wälzen in Kuhfladen. Diese Sicht der Dinge ist sehr hilfreich, wenn ich nicht schnell genug bin, einen meiner Hunde am Wälzen in irgendeinem scheußlich stinkenden Unrat zu hindern. Aber ehrlich gesagt nicht hilfreich genug in Anbetracht der starken Anziehungskraft – oder in diesem Fall Abstoßungskraft – von Gerüchen. Wenn Tulip das nächste Mal bis zum Himmel nach Fuchskot stinkend nach Hause kommt, werde ich sie in einen Bottich mit Chanel No. 5 tauchen. Das wird ihr eine Lehre sein.

DIE RICHTIGE BERÜHRUNG

Warum es nicht egal ist, wo, wie und wann Sie Ihren Hund streicheln

O h, Pumpkin liebt es, gestreichelt zu werden, stimmt's, Pumpkin?«, sagte Martha und tätschelte ihrem Cocker Spaniel oben auf den Kopf, als er gerade das Büro zu erkunden versuchte. Pumpkins Halterin hatte mich aufgesucht, weil sie meinen Rat zu einigen Verhaltensfragen hören wollte und war ganz klar eine Frau, die ihren Hund so liebte, wie wir alle – ob Mensch oder Hund – gerne geliebt würden. Es gab da nur ein Problem. Obwohl Martha pure Zuneigung nur so ausstrahlte, schien Pumpkin nicht ganz so glücklich. Ehrlich gesagt, sah er sogar richtig unglücklich aus. Er drehte immer wieder den Kopf von Marthas Hand weg und versuchte, ihrer Berührung aus dem Weg zu gehen, so liebevoll diese auch gemeint war.

Dieses Szenario ist nicht selten: Ein verantwortungsbewusster, liebevoller Halter streichelt seinen Hund und meint, dieser müsse es genießen, während der Hund Himmel und Erde in Bewegung zu setzen versucht, um zu entkommen. Fragen Sie nur mal einen beliebigen Hundetrainer oder Verhaltenstherapeuten – wir sehen es jeden Tag in unserer Arbeit, in der Hundeschule oder auf den Straßen um uns herum, wie Menschen fröhlich ihre Hunde streicheln und die Hunde dabei todunglücklich aussehen.

Haben Sie Nachsicht mit mir. Ich behaupte nicht, dass Hunde nicht gern gestreichelt werden. Die meisten mögen es. Aber ... sie mögen es auch nicht. Ehrlich. Hunde werden gern gestreichelt und Hunde werden nicht gern gestreichelt – beide Aussagen stimmen gleichermaßen. Ironischerweise liegt die Erklärung für diesen scheinbaren Widerspruch im Verhalten derjenigen, die das Streicheln tatsächlich vornehmen.

Ziehen Sie sich für einen Moment die Pfoten Ihres Hundes an und alles wird klar. Wie die meisten Menschen mögen wahrscheinlich auch Sie ein tolles Rückenrubbeln. Allein der Gedanke daran kann uns zum Lächeln bringen. Aber Sie möchten nicht den ganzen Tag lang den Rücken gerubbelt bekommen, oder? Was, wenn Sie gerade in einer wichtigen Besprechung sitzen und gerade gegen weitere lächerliche Pläne Ihres Chefs zur Stellenstreichung argumentieren möchten? Oder wenn Sie im Viertelfinale der Liga Softball spielen? Möchten Sie dann, dass Ihr Schatz Ihnen den Nacken massiert, wenn Sie gerade den Schläger zum entscheidenden Schlag heben? Ich denke nein. Und was, wenn Sie gerne den Rücken gerubbelt bekämen, Ihre Masseurin in spe aber stattdessen wie ein Specht oben auf Ihren Kopf klopft? Fühlt sich das gut an? Nö.

Hunde sind genau wie wir – ob sie Berührungen mögen oder nicht, hängt davon ab, wann diese angeboten werden, wie sie gemacht werden und auf welchen Körperteil sie zielen. Ich möchte als Erstes über den Kontext sprechen, denn genau das ist die von Haltern am häufigsten ignorierte Variable.

Möchten Sie jetzt in diesem Moment eine Massage? Ich nicht, ich bin gerade mit Schreiben beschäftigt. Ich möchte auch keine, wenn ich meinen Hund trainiere, einen Vortrag halte oder herauszufinden versuche, warum mein Computer eines dieser unerklärlichen und irritierenden Dinge tut, die er immer tut, wenn ich sehr in Eile bin. Aber später hätte ich sehr gerne eine, wenn ich den Computer ausgeschaltet habe, die Arbeit gemacht ist und ich es mir für den Abend gemütlich mache. Hunden geht es nicht anders: Die meisten mögen es, in ruhigeren Momenten gestreichelt zu werden, wenn das Rudel sich zusammengefunden und im Wohn- und Schlafzimmer gemütlich hingekuschelt hat, die Welt draußen für einen Moment ausgesperrt. Am wenigsten möchten sie gestreichelt werden, wenn sie sich im hochgradig aufgeregten Spielmodus befinden. Beobachten Sie mal einen Hund, der von einem ausgelassenen Spiel mit anderen Hunden zurückgerufen wird und mit Kopftätscheln »belohnt« wird – die meisten werden ihre Köpfe wegdrehen und weggehen. Ich schwöre, ich kann praktisch hören, wie sie sagen: »Oh Mensch ... Mamaaaaa.« Genauso wenig mögen die meisten Hunde gestreichelt werden, während sie gerade andere Hunde begrüßen, ihr Abendessen zu sich nehmen oder sonst mit irgendetwas beschäftigt sind, das Konzentration erfordert.

Und genau wie Menschen sind Hunde sehr verschieden darin, von wem sie gerne angefasst werden möchten. Manche sind echte Partylöwen und kuscheln gerne mit allem, was Hände hat, während es anderen unangenehm ist, überhaupt von Fremden angefasst zu werden, zumindest bei der ersten Begegnung. In der Regel erwarten wir von Hunden, dass sie sich von jedem anfassen lassen, aber das heißt ja noch lange nicht, dass sie es auch mögen. Sie können nur meistens wenig dagegen tun.

Hunde sind auch dann genau wie Menschen, wenn es darum geht, wo sie gerne angefasst werden möchten. Ihre Lieblingsstellen können andere sein als bei uns (ich habe noch nie einen Menschen gesehen, der glasige Augen bekommt und mit dem Bein klopft, wenn man ihn über dem Steißbein kratzt), aber wir beide mögen Berührungen nicht an allen Stellen unseres Körpers gleichermaßen gern.

Während ich dies schreibe, kommt mir gerade der Gedanke: Das weiß doch jeder, warum sollte ich wertvollen Platz verschwenden, mich darüber auszulassen? Dann aber denke ich wieder an die Tausende von Malen, wie ich gesehen habe, dass Menschen ihre Hunde oben auf den Kopf tätscheln oder ihn umarmen, bis seine Augen hervorzuquellen beginnen und bin wieder überzeugt davon, dass es doch gesagt werden muss. Im Allgemeinen mögen Hunde am liebsten Berührungen seitlich am Kopf, unter den Ohren und unter dem Kinn, an der Brust und am Schwanzansatz. Auch wenn manche Hunde sich für jede Berührung auf den Kopf stellen würden, mögen es die meisten jedoch nicht, wenn man ihre Pfoten anfasst, an ihren Hinterbeinen oder Genitalien herumfummelt und hassen es geradewegs, oben auf den Kopf getätschelt zu werden. Natürlich ist jeder Hund – genau wie jeder Mensch – anders. Manche Menschen sind sehr eigen darin, wo sie gerne berührt werden möchten, andere freuen sich über jeden Kontakt mit einem warmen Körper.

Auch wie Sie Ihren Hund streicheln macht einen großen Unterschied, und wiederum sind persönliche Vorlieben bei Hunden genauso wichtig wie bei Menschen. Im Allgemeinen mögen die meisten von uns sanftes, aber festes Streicheln oder Reiben. Einen Hund oben auf den Kopf zu tätscheln, besonders wenn es wiederholt schnell hintereinander geschieht, ist für den Hund eher eine Strafe. (Denken Sie daran, wenn Ihr Border Collie Ihnen zum 560. Mal seinen Ball in den Schoß legt. Sie können das ja auch zu Ihrem Vorteil ausnutzen!)

Eigentlich sollte das für Individuen unserer Spezies kein allzugroßer Schock sein – oder würden Sie es mögen, wenn ein Fremder auf Sie zukäme und oben auf den Kopf tätscheln würde? Und trotzdem tun Menschen es Hunden gegenüber die ganze Zeit. Als ich die Show *Petline* für den Sender *Animal Planet* drehte, fragte mich eine ehemalige Tierärztin, die jetzt als Vertriebsleiterin tätig war, ob sie meinen Cool Hand Luke für eine Demonstration zur Zahnpflege ausleihen könnte. Luke und ich hatten gerade eine Einstellung fertig gedreht, in der ich besprochen hatte, wie sehr Hunde das Kopftätscheln hassen und die Zuschauer auf Lukes offensichtlichen Ausdruck von Unmut hingewiesen, wenn ich es tat. Dann kam, was kommen musste: Nachdem die Frau Lukes Kiefer mehrmals hintereinander grob auseinandergestemmt hatte, als ob sie Muscheln putzen würde, sagte sie »Danke, Luke« und tätschelte ihn drei Mal kurz hintereinander auf den Kopf. Wir mussten den Dreh unterbrechen, weil die Kameraleute so lachten, dass sie nicht weiterfilmen konnten.

Wann und wie Sie Ihren Hund streicheln, mag sich wie ein banales Thema anhören und ich erwarte auch nicht, dass daraus in näherer Zukunft eine Nachrichtenschlagzeile im Fernsehen wird. Es ist aber trotzdem wichtig, wenn man bedenkt, wie sehr Menschen und Hunde darunter leiden, wenn ihre Beziehung zueinander schlechter wird. Hundefreunde auf der ganzen Welt glauben, dass sie mit positiver Bestärkung arbeiten, wenn sie ihren Hund nach dem folgsamen Herankommen mit Kopftätscheln belohnen – was sie ihm aber tatsächlich beibringen, und zwar mit erstaunlicher Effizienz, ist, *nicht* mehr auf Zuruf zu kommen. Und eh Sie sich's versehen, landet der Hund im Tierheim, weil er »einfach nicht hören will«.

Berührung ist für die physische und psychologische Gesundheit unserer beider Spezies lebenswichtig und kann sogar heilend eingesetzt werden, wie TTouch-Practitioner und andere kompetente Therapeuten wissen. Wir haben leidvoll erfahren müssen, dass Babys sich einfach zusammenrollen und sterben, wenn sie insbesondere während ihres ersten Lebensjahres nicht berührt werden, und ich sehe wenig Grund für die Annahme, dass ein so soziales Tier wie der Hund in dieser Hinsicht irgendwie anders sein sollte.

Natürlich kann es gefährlich sein, ein Tier mit einem Menschen zu vergleichen – wir alle haben nun wirklich oft genug die düstere Warnung gehört, dass Antropomorphismus (die Zuschreibung menschlicher Eigenschaften an Tiere oder Gegenstände) sozusagen der direkte Weg in die Hölle ist. Die Wahrheit ist allerdings, dass Vermenschlichung uns auch durchaus nutzen kann. Einige Wissenschaftler (einschließlich des Primatologen Frans de Waal und des Kognitionsspezialisten Donald Griffin zum Beispiel) argumentieren, dass wir in Sachen Tiere ebenso viele Fehler aus dem Grund machen, dass wir sie *nicht* vermenschlichen, wie aus dem Grund, dass wir eben diese Vermenschlichung als Strategie benutzen. Der Schlüssel zum Erfolg ist, objektiv und analytisch zu sein, die gesamte Information zu nutzen, die uns über die fragliche Spezies zur Verfügung steht und sie mit unserer eigenen Perspektive zu kombinieren, um die Erfahrungen, die ein anderes Lebewesen macht, nachzuvollziehen zu versuchen.

Letzten Endes wissen wir ja kaum, was in den Köpfen unserer eigenen Familienmitglieder vorgeht, und die gehören immerhin der gleichen Spezies an. Aber ich wette, dass Sie Ihren Ehepartner oder Lebensgefährten nicht mit Kopftätscheln begrüßen, oder? Also nur zu, versetzen Sie sich ruhig einmal in die Lage des Hundes. Wer weiß, vielleicht ergibt sich dabei Fair Play und die Hunde finden eines Tages heraus, welche spezielle Körperstelle uns dazu bringt, wie die Idioten zu grinsen und mit den Hinterbeinen zu klopfen.

Mit allen Sinnen

Sie und Ihr Hund haben viel gemeinsam, aber Sie leben in verschiedenen Welten

Vor Jahren hatte ich einmal einen Hund namens Drift, der die Abende damit verbrachte, mit gesenktem, schräg gelegtem Kopf und aufgestellten Ohren langsam über den Rasen zu gehen. Ab und zu hielt er inne und blieb stocksteif mit zum Boden zeigendem Kopf stehen. Seine Augen waren auf nichts Besonderes gerichtet, aber seine Ohren standen so steil aufrecht, dass sie beinah vibrierten. Oft stürzte er nach einigen Minuten intensiver Konzentration nach vorn ins Nichts, sprintete in Kurven Dutzende von Metern übers Gras, stoppte dann und wiederholte sein langsames Abgehen mit gesenktem Kopf.

Über die Jahre hinweg unterhielt Drifts Verhalten zahlreiche Besucher. Die Gäste und ich saßen zurückgelehnt in unseren Stühlen, mit einem Glas Eistee in der Hand, auf der Veranda und spekulierten, was um alles in der Welt er da tat. Gelegentlich gesellte ich mich in einem Anfall von Neugier zu Drift ins Gras, senkte meinen Kopf und wartete, dass irgendetwas passierte. Zu meiner Überraschung passierte tatsächlich etwas. Ich entdeckte, wie unterschiedlich die einzelnen Grasflecken rochen und war hypnotisiert von einem ganz nahen Privatblick auf die Insekten, die im Dschungel der Grashalme lebten. Ich glaube allerdings nicht, dass ich Drifts Erfahrungen wirklich teilen konnte, denn er sah aus, als ob er auf etwas horchen würde. Ich horchte ebenfalls, hörte aber nie auch nur das geringste verflixte Geräusch.

Drift dagegen schon, darauf würde ich wetten. Es gibt einfach keine andere sinnvolle Erklärung für sein Verhalten. Mit Schnüffeln kann er nicht beschäftigt gewesen sein – wenn ein Hund seine Nase einsetzt, ist das unverwechselbar, und Drifts Nase war ganz klar nicht beteiligt. Auch seine Augen waren auf nichts Besonderes gerichtet. Aber sein Kopf war auf die Art schräg gehalten, wie es alle Säugetiere tun, wenn sie auf ein kaum wahrnehmbares Geräusch horchen. Mit Sicherheit gibt es eine Menge Krabbeltiere unter dem Gras, auf die man horchen kann. Wenn man nach der Anzahl der Maulwürfe geht, die jeden Herbst meinen Rasen umpflügen, muss es dort ein echtes Schlaraffenland an Käfern geben (die für Maulwürfe ungefähr das sind was Filet Mignon für uns ist), die alle unter dem grünen Teppich leben. Warum Drift aber losrannte, wenn (falls) er etwas hörte, ist allerdings schwieriger zu erklären. Meine beste Vermutung ist, dass er eine Art hündischer Version eines Brettspiels entwickelt hat – wenn du etwas im Gras hörst, laufe zwölf Schritte vor. Wenn du nichts hörst, gehe jeweils nur einen Schritt und kassiere keine 200 Kauknochen.

Natürlich ist all das bloße Spekulation. Ich konnte Drift nicht fragen, was er da tat, und (ebenso wichtig) ich konnte nicht wissen, ob er irgendetwas hörte oder nicht. Wir und die Hunde mögen eine sehr enge Bindung zueinander haben, aber weil unsere Fähigkeiten zur Sinneswahrnehmung so unterschiedlich sind, leben wir ziemlich buchstäblich in verschiedenen Welten. Hunde und Menschen sind ein klassisches Beispiel für die berühmte Frage, ob das Glas halb voll oder halb leer ist. Sie ähneln sich stärker als die meisten anderen Lebewesen es tun, aber die Realitäten, in denen wir operieren, sind sehr unterschiedlich. Jedes Lebewesen auf der Erde versteht die Umwelt um es herum auf eine bestimmte Art und Weise, und jedes Lebewesen auf der Erde nimmt Dinge wahr, die anderen entgehen und umgekehrt. Nur zu leicht vergessen wir, dass das, was wir »Realität« nennen, nur eine Scheibe des großen Weltkuchens der Sinneswahrnehmung ist, der von unseren Fähigkeiten zum Hören, Sehen, Riechen, Fühlen und Schmecken begrenzt ist.

In gewisser Weise ist das nichts Neues. Jeder Hundefreund weiß, dass Hunde einen Geruchssinn haben, der den unseren weit in den Schatten stellt und dass sie manchmal Dinge hören, die wir nicht hören können. Es kann aber nie schaden, sich all die Dinge ins Gedächtnis zu rufen, in denen wir uns unterscheiden und wie diese Unterschiede unser Verständnis von Hunden beeinflussen können. Das Sehvermögen ist ein guter Ausgangspunkt.

Die meisten von uns wissen, dass Hunde nicht in den gleichen Farben sehen wie wir, aber das hat uns nicht daran gehindert, quietschorange Dummys für Retriever oder leuchtend rote Kauspielzeuge für Haushunde zu kaufen. Für uns sind das die Farben, die aus grünem Gras oder beigem Teppichboden am besten herausstechen, aber vor unseren Hunden könnten wir die Gegenstände gar nicht besser tarnen, wenn wir es wollten. Hunde sind, genau wie manche Menschen, rot-grün-blind und sehen rot, orange und grün höchstwahrscheinlich nur als Grauschattierungen. Gelb, violett und blau sehen sie dagegen extrem gut. Ein blaues Spielzeug wäre im Gras für uns vielleicht nicht so gut sichtbar, für einen Hund dagegen schon. Wir wissen das seit Jahren, aber irgendwie ist es nicht bis in unseren Alltag durchgesickert. Ich hatte Dutzende von Kunden, die sich Sorgen machten, dass ihr Hund vielleicht nicht gut sehen könnte, weil er den roten Kong im Gras immer erst dann fand, wenn er praktisch darüber stolperte. Die armen Hunde – ich frage mich, was sie wohl von unseren offensichtlichen Bemühungen, sie zu verwirren, denken mögen?

Denken Sie daran, dass Hunde nicht die einzigen sind, die nicht alle Farben dieser Welt sehen können. Wir können es übrigens auch nicht. Bienen sehen »ultraviolett« so gut, dass Blumen diese Farben verwenden, um Bienen an ihre Pollen zu dirigieren. Eine einfarbig gelbe Blume ist für eine futtersuchende Biene nicht einfarbig, denn sie sieht Farben, die wir nicht sehen können. Ich finde es vielsagend, dass wir nicht einmal eigenständige Namen für die Farben haben, die wir nicht sehen können: Wir nennen sie ultraviolett und infrarot, weil wir nicht anders können, als sie uns als Modifikationen der Farben vorzustellen, denen sie im Spektrum am nächsten sind. Wenn man nun bedenkt, wie schwer es uns fällt, uns Farben vorzustellen, die wir nicht sehen können, selbst wenn wir intellektuell verstehen, warum wir sie nicht sehen können, wie schwer muss es dann für unsere Hunde sein, das Konzept zu verstehen? So schlau Ihr Hund auch sein mag – aber von ihm zu verlangen, dass er begreift, dass Sie andere Farben sehen können als er, ist mit Sicherheit zu viel verlangt.

Es gibt noch weitere wichtige Unterschiede zwischen Ihrem Sehvermögen und dem Ihres Hundes, die Einfluss auf das Verhalten haben. Der wichtigste ist vielleicht, dass Hunde zwar nicht wie wir Bilder in scharf umrissene Formen auflösen können, dafür aber viel besser als wir darin sind, Bewegungen wahrzunehmen. Kein Wunder, dass Hunde uns lesen können wie ein Buch – die geringste, für Sie vielleicht gar nicht wahrnehmbare Bewegung ist für den Hund so deutlich wie eine Leuchtreklame. Wenn Sie sich bewusst sind, wie Sie mit Ihrem Körper in der Nähe Ihres Hundes umgehen, kann das ein echter Vorteil sein. Gute Hundetrainer sind oft deshalb gut, weil sie ihren Körper wie Sportler bewegen können und wissen, dass ein halber Zentimeter entscheidend sein kann – zum Aufschlag im Tennis genauso wie zum Schicken eines Hundes auf das richtige Hindernis im Agilityparcours. Diese Fähigkeit der Hunde zur Wahrnehmung der kleinsten Bewegungen kann natürlich auch zu endlosen Problemen führen, wenn wir unabsichtlich leichte Bewegungen zeigen, die unsere Hunde einmal mehr verwirrt über unser seltsames und unvorhersehbares Verhalten zurücklassen.

Trotz all der Unterschiede in der Art, wie wir unsere Augen nutzen, haben Hunde und Menschen doch etwas gemeinsam, von dem man meinen sollte, dass es uns bewusst ist: Genau wie wir können Hunde kurz- oder weitsichtig sein, und es gibt mehr als nur einen guten Grund zu der Annahme, dass dies erhebliche Auswirkungen auf das Verhalten haben kann. So ist nachvollziehbar, dass ein Hund, der nicht sieht, wer da auf ihn zukommt, nervöser auf die Annäherung reagiert als einer, der das klar erkennen kann. Es ist durchaus bedeutungsvoll, wenn Chris Murphy von der veterinärmedizinischen Fakultät der Universität Wisconsin herausgefunden hat, dass die Hälfte der von ihm untersuchten Deutschen Schäferhunde kurzsichtig war und dass die meisten Deutschen Schäferhunde, die mir wegen Verhaltensproblemen vorgestellt werden, Schwierigkeiten mit fremden Menschen haben. Verstehen Sie mich nicht falsch – ein wesensfester Deutscher Schäferhund ist schlicht und einfach einer der besten Hunde, die man sich vorstellen kann, aber wir wissen alle, dass einige von ihnen übermäßig reaktiv gegenüber fremden Menschen sind. Könnte es nicht sein, dass dies zumindest zum Teil daran liegt, dass sie so viele Sehprobleme haben? Ich führe die Schäferhunde hier nur als ein Beispiel an. Es gibt Dutzende von Rassen, in denen das Verhalten von Problemen mit dem Sehen oder Hören beeinflusst sein könnte. Laut Murphys Untersuchungen hatten Rottweiler und Zwergschnauzer die gleiche Rate an kurzsichtigen Hunden – glatt die Hälfte der getesteten Hunde war kurzsichtig. Vielleicht sollte auf Hundeausstellungen künftig auch das Sehvermögen bewertet werden. Ich sehe es gerade bildlich vor mir: »Heben Sie Ihre rechte Pfote, wenn der Knochen nach unten zeigt ....«

Hören ist eine weitere Sinneswahrnehmung, die für Menschen und Hunde entscheidend wichtig ist. Auch hier können Defizite zu nicht diagnostizierten Verhaltensproblemen führen. Ich habe schon Dutzende von einseitig tauben Hunden gesehen, deren Behinderung jahrelang unentdeckt blieb. Diese Hunde konnten zwar Geräusche nicht lokalisieren, konnten aber mit dem gesunden Ohr hören, sodass ihr Problem nicht unbedingt offensichtlich war. Geräusche nicht orten zu können ist aber eine größere Herausforderung, als Sie vielleicht meinen würden. Stellen Sie sich vor, Sie könnten die Quelle eines Geräuschs nicht mehr ausmachen. Die Welt würde viel bedrohlicher erscheinen, und das Gleiche gilt sicherlich auch für einen Hund.

Auf einem Ohr taube Hunde erschrecken sich nicht nur schneller, besonders an ihnen fremden Orten, sondern sie scheinen sich auch oft nur schlecht konzentrieren zu können und sind schwierig zu trainieren, bis man endlich versteht, was mit ihnen los ist. Definitive Gewissheit über die Hörfähigkeit eines Hundes erlangt man nur mit Hilfe eines neurologischen Tests namens BAER-Test (audiometrischer Test). Er wird normalerweise nur in Tierkliniken angeboten, aber einen ersten vorläufigen Test können Sie auch schon selbst bei sich zuhause im Garten durchführen. Stellen Sie sich in etwa dreißig Meter Entfernung hinter Ihren Hund, warten Sie, bis er 180 Grad von Ihnen wegschaut und klatschen Sie dann zwei Mal in die Hände. Wenn er dann den Kopf zu Ihnen dreht, bleiben Sie ganz still stehen, sodass er Sie nicht anhand Ihrer Bewegungen lokalisieren kann. Auf beiden Ohren hörende Hunde werden Sie direkt anschauen, aber einseitig taube Hunde werden oft vor- und zurückschauen und erst auf Sie fokussieren, wenn Sie sich bewegen, und sei es auch nur das kleinste Bisschen.

Auf beiden Seiten gut hörende Hunde hören all das, was auch Sie hören kön-
nen, und darüber hinaus noch vieles, das Sie nicht hören können. Unser
Gehör funktioniert am besten bei Geräuschen, die ungefähr das gleiche Spek-
trum haben wie eine normale Unterhaltung – ungefähr 2.000 Zyklen pro
Sekunde. Hunde können diese Geräusche ebenfalls gut hören, aber ihr bestes
Gehör haben sie bei etwas höheren Tönen von etwa 8.000 Zyklen pro
Sekunde – und sie können Geräusche bis zu einer Frequenz von etwa 60.000
Zyklen pro Sekunde wahrnehmen. Unsere Fähigkeiten enden bei etwa 20.000
Zyklen (zumindest dann, wenn Sie jung sind und noch keine Rockkonzerte
besucht haben). Es ist kein Zufall, dass die Frequenz, die ein Hund am besten
hören kann, genau der einer von einer Maus oder von einer unter der Erde
pfeifenden Wühlmaus geäußerten entspricht.

Das ist einer der Gründe dafür, warum ich zuerst dachte, dass Drift vielleicht
auf erdbewohnende Säugetiere horchte. Und davon gibt es hier auf der Farm
sicher nicht wenige. Vielleicht nahm er mit seinem besseren Gehör Geräusche
wahr, die für mich zu schwach waren. Das Problem an dieser Erklärung ist
nur, dass all meine Hunde großen Spaß am Ausgraben von Nagetieren haben,
und wenn sich irgendetwas Pelziges unter Drifts Pfoten befunden hätte, hätte
der Rasen innerhalb von Minuten ausgesehen wie ein Minenfeld. Deshalb
bleibe ich lieber bei der Käfer-Hypothese. Vielleicht konnte er hören, wie sie
sich in der Erde bewegten. Es ist sogar denkbar, dass sie absichtlich Geräusche machten, die er hören konnte und ich nicht. Neuere Studien weisen darauf hin, dass es in der Welt der Insekten ganz schön gesprächig zugeht,
wovon wir bisher nichts geahnt hatten. Erst kürzlich stellte man fest, dass
Raupen Ameisen gegenüber Geräusche machen, die freundliche Absichten
signalisieren. Du meine Güte, wer weiß, was Käfer und Ameisen unter unserem Rasen alles so besprechen!

Vielleicht war es das, worauf Drift horchte. Oder vielleicht horchte er auf
etwas, dass ich mir bis jetzt noch nicht vorstellen konnte. Er mag mein bester
Freund gewesen sein, aber wie alle unsere hündischen besten Freunde lebte
er in einer Welt, die ich niemals ganz verstehen konnte. Denken Sie daran,
wenn das Verhalten Ihres Hundes Ihnen sinnlos erscheint – manchmal hat die
Frage der Sinnhaftigkeit etwas mit unseren Sinnen zu tun.

Training

WIE DIE DINGE FORM ANNEHMEN

Die Strategie der kleinen Schritte im Hundetraining

Maddie war ein netter kleiner Hund mit cremefarbenem Fell und einem offen lächelnden Gesicht. Sie schien willig, clever und lernbereit zu sein, aber ihre Halterin hatte sie zu mir gebracht, weil der Hund sie zum Wahnsinn trieb. Jedes Mal, wenn jemand aus der Familie »Sitz und Bleib« befahl, sprang sie an der betreffenden Person hoch und leckte ihr das Gesicht. Was sie auch versuchten, sie schafften es nicht, sie auch nur für einen kurzen Moment zum Stillhalten zu bringen. Irgendjemand hatte ihnen gesagt, die Hündin würde versuchen, »Dominanz über sie auszuüben«. Ein anderer hatte gemeint, sie sei früher misshandelt worden. Maddie hatte zu der Sache keinerlei Kommentar abzugeben, hüpfte aber weiterhin fröhlich jedes Mal, wenn jemand »Sitz-Bleib« sagte, wie ein Schachtelmännchen auf und ab.

In der gleichen Woche hatte ich einen anderen Kunden, dessen Plan es war, seinem Hund Bruno verschiedene Tricks beizubringen. Der erste Trick hatte seinen Enthusiasmus etwas gedämpft, denn egal wie sehr er sich bemühte und wie viele gute Leckerchen er auch investierte – er konnte Bruno nicht dazu bringen, sich über den Rücken zu rollen. Er versuchte es immer wieder und kam schließlich mit der Überzeugung zu mir ins Büro, dass sein Hund einfach unzulänglich sei.

Zum Kern der Sache kommen

Keine diese Erklärungen hatte irgendetwas mit den vorliegenden Problemen zu tun. Beide Hunde schienen normal, glücklich und in der Lage, so viel zu lernen, wie irgendjemand ihnen beibringen wollte. Ihre Halter waren hundeliebe, intelligente Menschen. Die Probleme waren zwar oberflächlich betrachtet sehr unterschiedlich, beruhten aber auf der gleichen wichtigen Erkenntnis: Alles, was wir »Verhalten« nennen, wie eine Rolle oder Sitz-Bleib, ist eigentlich die Summe vieler kleiner Bewegungen. Diese Stückchen an Bewegung summieren sich zu dem, was wir »Rolle« oder »ein Signal für Sitz geben« nennen.

Dies zu verstehen – dass alle Aktionen aus vielen kleineren Aktionen bestehen – kann Sie von einem mittelmäßig guten Hundetrainer zu einem sehr guten Hundetrainer befördern. Der scheinbar begriffsstutzige Hund Bruno lernte die Rolle letzten Endes in einer einzigen Sitzung, und zwar deshalb, weil ich anfangs nicht mehr von ihm verlangte, als sich hinzulegen und den Kopf in Richtung Schwanz zu drehen. Natürlich half ich ihm anfangs, indem ich seine Nase mit einem Stückchen Futter in die richtige Richtung lockte, aber in kürzester Zeit hatte Bruno kein Problem mehr damit, das Verhalten auch von sich aus anzubieten. »Hühnchen dafür, dass ich meinen Schwanz angucke? Klar kann ich das machen!« Bruno begann, sich auf den Boden zu werfen und enthusiastisch seinen Kopf in Richtung Schwanz zu drehen, wobei er eifrig mit dem Schwanz klopfte. Als Nächstes bat ich ihn, seinen Kopf ein bisschen weiter zurückzubewegen und ihn dieses Mal zur anderen Seite zu drehen, sodass sein oben liegendes Vorderbein sich ein Stück vom Boden abhob. Bingo! Mehr Hühnchen. Schritt drei umfasste, seinen Kopf noch weiter herumzulocken, bis sein ganzer Körper folgte und in einer einzigen geschmeidigen Bewegung eine Rolle machte. Die Menschen klatschten in die Hände und freuten sich, Bruno wedelte und grinste, und der Haufen an Hühnchenfleischstückchen wurde kleiner.

Brunos Halter, ein ziemlicher Neuling in Sachen Hundetraining, hatte versucht, Brunos Kopf zum Lernen der Rolle mit Leckerchen herumzulocken, aber weil für ihn »Rolle« darin bestand, sich eben über den Rücken zu rollen, dachte er die ganze Zeit, er müsse Bruno das Leckerchen erst dann geben, wenn er die ganze Übung von Anfang bis Ende fertig hatte.

Hundetrainer sehen dieses Problem täglich: Menschen versuchen, ihrem Hund »Sitz« oder »Rolle« beizubringen und werfen letzten Endes das Handtuch, weil sie den Hund einfach nicht dazu bringen können, das Gewünschte zu tun. Dies ist wieder einer der Fälle, in denen es helfen würde, wenn die Menschen ein wenig vermenschlichender wären (anstatt weniger zu vermenschlichen, wie so oft empfohlen wird). Wir würden ja unsere Kinder auch nicht erst dann loben, wenn sie Beethovens Fünfte Symphonie von vorn bis hinten perfekt spielen können, oder? Bei Hunden tun wir aber genau das – wir erwarten von ihnen nur zu oft, gleich beim ersten Mal alles komplett richtig zu machen. Alles andere wird als Versagen gewertet.

Noch unwahrscheinlicher ist es, dass wir uns unsere eigenen Handlungen als die Summe vieler kleiner Verhalten vorstellen. Nehmen wir nur einmal Maddie, den Hund, der nicht »Sitz und Bleib« machen wollte. Ich bat die Besitzer in meinem Büro, es doch noch einmal zu versuchen, damit ich mir ein besseres Bild davon machen konnte, was hier vorging. Die Mutter stand auf, stellte sich mit dem Gesicht zu Maddie und sagte »Sitz« und »Bleib«. Als sie »Bleib« sagte, trat sie etwa einen halben Schritt zurück. Maddie setzte sich zunächst höflich hin, sprang dann aber auf, sobald sie das »Bleib«-Signal hörte. »Da sehen Sie, was ich meine!«, sagte die Besitzerin mit deutlicher Verzweiflung in der Stimme. Als Nächstes bat ich sie, Maddie zu sich zu rufen. Sie können es sich denken: Sie stellte sich frontal zu Maddie, sagte »Maddie, komm!« und trat dann genauso zurück, wie sie es bei »Bleib« getan hatte. Maddie achtete auf einen kleinen Bestandteil des »Bleib«-Signals – die Rückwärtsbewegung, die, wie sie gelernt hatte, »Komm« bedeutet. Die treue kleine Seele tat ihr Bestes, alles richtig zu machen – trotz der verwirrenden Reaktionen ihrer Menschen. Ehrlich, es ist ein Wunder, dass Hunde uns nicht viel öfter beißen.

Nichts ist einfach

Diese Geschichten illustrieren zwei Perspektiven, die unser Verständnis von Verhalten erhellen können. Die eine ist, dass ein »einfaches« Verhalten wie die Aufforderung zum Sitzen in der Regel aus mehreren verschiedenen Geräuschen und Bewegungen besteht, von denen jede für Ihren Hund relevant sein könnte. Wir stellen uns möglicherweise vor, dass »Sitz« ein singuläres Ereignis ist, aber für einen beobachtenden Hund (und glauben Sie mir, Hunde beobachten uns ständig!) geht dabei wesentlich mehr vor. Sie konzentrieren sich vielleicht auf das Wort, aber während Sie es aussprechen, bewegen Sie vermutlich Ihre Hände, Ihren Kopf und Ihren Körper immer auf gleiche Art, auch wenn Ihnen das wahrscheinlich gar nicht auffällt.

Meine Lieblingsübung auf Seminaren ist, dass ich einen Trainer bitte, seinen Hund zum Sitzen aufzufordern und dann die anderen Teilnehmer frage, aus wie vielen verschiedenen Bewegungen dieses »einfache« Signal bestanden hat. Meistens kommen wir auf mindestens sechs bis acht Bewegungen und ein gesprochenes Wort, und jeder dieser Bestandteile könnte der für den Hund entscheidende Hinweis sein. Als wir das letzte Mal dieses Spiel spielten, stellten wir fest, dass die Trainerin jedes Mal, wenn sie das Kommando für Sitz gab, ganz leicht mit dem Kopf nickte. Ihr Hund setzte sich nicht hin, bevor sie nicht mit dem Kopf genickt hatte. Sobald sie das tat, setzte er sich augenblicklich. Der Hund konzentrierte sich auf das Nicken und die Trainerin auf das Wort, das sie sagte. Wenn man den Hund bitten könnte, das Signal für »Sitz« zu beschreiben, würde ich hoch darauf wetten, dass er sagen würde: »Na das Nicken natürlich!«

Bruno, der Hund, der schließlich doch noch die Rolle lernte, erinnert uns daran, dass selbst eine fortlaufende Bewegung am Stück wie das Rollen über den Rücken das Ergebnis vieler Einzelteile ist. Das allgemeine Prinzip, eine Aktion in ihre Einzelschritte herunterzubrechen, ist für viele Trainer nichts Neues, aber wir können trotzdem davon profitieren, uns seine Wichtigkeit nochmals vor Augen zu führen. Selbst diejenigen unter uns, die schon lange mit der Technik des »freien Formens« oder mit dem Bestärken kleinster Fortschritte vertraut sind, können Nutzen aus der Erkenntnis ziehen, dass dieses Prinzip auf alles zutrifft, was wir und unsere Hunde tun.

Zu verstehen, dass jedes Verhalten in kleinere Teile heruntergebrochen werden kann, ist das Leitprinzip, das allen Studenten der Tierverhaltenskunde beigebracht wird. Es war das Erste, das ich von meinen Ethologieprofessoren an der Universität lernte und es ist das Erste, das gute, auf psychologischer Grundlage arbeitende Verhaltensanalysten lernen. Die Fächer Ethologie und Psychologie mögen sehr unterschiedliche Perspektiven haben, aber sie sind sich absolut einig über die Wichtigkeit der Auffassung von Verhalten als einer Serie bruchstückhafter Aktionen. Schritt für Schritt, Stein für Stein wird das Fundament eines jeden Verhaltens auf kleinen Dingen aufgebaut, die sich zu größeren Dingen summieren. Je besser Sie darin sind, diese Bausteine auseinanderzunehmen, umso besser werden Sie als Trainer sein.

Verhalten Unterbrechen

Gute Manieren kann man früh lernen

Es ist Abend, Sie bekommen Besuch, Ihre Kinder spielen Nachlaufen in der Küche und Sie haben gerade herausgefunden, dass Ihr Hund dabei ist, die Ecke Ihres Perserteppiches abzukauen. Szenarien wie diese sind häufig, werden aber selten in Hundebüchern oder Hundeschulen besprochen. Wir Trainer erklären den Besitzern gerne, wie sie ihren Hunden bestimmte Sachen beibringen sollen, aber wir sind nicht immer besonders gut darin, ihnen zu erklären, wie sie ihren Hund dazu bringen, etwas Bestimmtes nicht zu tun. Mein neuer Hund Will erinnerte mich – besonders als er noch Welpe war – täglich daran, dass es beim Großziehen eines Hundes ebenso sehr darum geht, wie man den Vierbeinern beibringt, Dinge zu lassen wie Dinge zu tun.

Drehen Sie die Lautstärke herunter

Es lohnt sich, sich einen Moment Zeit zu nehmen und zu sehen, was wir nicht tun sollten, wenn ein Hund sich danebenbenimmt, denn viele unserer typischen Reaktionen sind nicht besonders hilfreich. Es scheint sehr menschlich zu sein, auf Fehlverhalten damit zu reagieren, dass wir zum Hund in Worten sprechen, die zwar für uns etwas bedeuten, nicht aber für ihn. Wie viele von uns haben nicht schon einmal »Sei ruhig!« zu einem bellenden Hund gesagt und noch nie darüber nachgedacht, dass diese Worte nur bedeutungslose Geräusche sind, sofern man nicht ein deutschsprachiger Mensch ist?

Hunde auf diese Art sinnlos anzubrüllen klingt dumm, ist aber eine typische Reaktion, wenn ein Tier etwas in unseren Augen Unerwünschtes tut. Wenn unsere Worte keine Wirkung zeigen, machen wir die Sache nur noch schlimmer, indem wir sie immer lauter wiederholen, als ob die bloße Lautstärke klar machen könnte, was wir mitzuteilen versuchen. Das trifft immer zu, egal, zu welcher Art von Tier wir sprechen. Erst kürzlich konnte ich beobachten, wie zwei Männer ein »Kuhknäuel« zu entwirren versuchten, indem sie eine verängstigte Kuh mit »Dreh dich rum, DREH DICH RUM!« anschrien. Natürlich kann man einer Kuh beibringen, sich auf Kommando umzudrehen, aber es erscheint mir zweifelhaft, dass besagte Kuh je in den Genuss eines solchen Trainings gekommen war. Denken Sie immer an diese Geschichte, wenn Sie den Drang verspüren, Ihren Hund anzuschreien und versuchen Sie sich anzugewöhnen, nur solche Worte zu benutzen, die für Ihren Hund auch etwas bedeuten.

Achten Sie auf lerngünstige Momente

Die erste Frage, die Sie sich bei einem Fehlverhalten Ihres Hundes stellen sollten, ist: »Was möchte ich, das mein Hund stattdessen tut?« Sie können »nein« sagen, bis Sie blau anlaufen, aber viel Information geben Sie Ihrem Hund damit nicht. Schließlich gibt es Tausende von möglichen Dingen, die Ihr Hund falsch machen könnte, und wenn Sie eins davon mit »nein« kommentieren, bleiben immer noch 999 andere übrig. Dagegen gibt es nur ein paar wenige Dinge, von denen Sie vermutlich möchten, dass Ihr Hund sie tut – also sind Sie gut beraten, wenn Sie ihm lernen helfen, was diese Dinge denn sind, auch, wenn er selbst andere Vorstellungen hat.

Nehmen wir als Beispiel einmal das häufige Bellen am Fenster. Stellen Sie sich vor, dass Sie sich gerade zum Abendessen an den Tisch gesetzt haben und Ihr Hund ein Paar mit einem Kleinkind an Ihrem Fenster vorbeigehen sieht. Er springt auf, bricht in heftiges Bellen aus und kratzt am Fenster. Wenn Sie nun am Tisch sitzend »Nein!« schreien, sagen Sie Ihrem Hund nichts darüber, was er denn stattdessen tun soll. Schlimmer noch – Sie gießen zusätzliches Öl ins Feuer, indem Sie selbst bellähnliche Geräusche machen! Was soll Ihr Hund anderes denken, als dass Sie in den Spaß einstimmen und dass es richtig war, mit dem Bellen anzufangen?

Wie wäre es, wenn Sie stattdessen ein leckeres Häppchen von Ihrem Teller aussuchen würden (ja nun, manchmal muss man eben kreativ sein), zu Ihrem Hund gehen und es ihm zwei Zentimeter vor die Nase halten würden? Jetzt haben Sie seine Aufmerksamkeit. Wenn Sie ihn dann anschließend vom Fenster weglocken und ihm das Signal für Hinsetzen oder Hinlegen geben, haben Sie ihm gezeigt, was Sie stattdessen von ihm möchten. Indem Sie das Problemverhalten unterbrochen und Ihren Hund dann auf etwas Besseres umgelenkt haben, haben Sie eine Problemsituation zu einem »lerngünstigen Moment« gemacht.

Behalten Sie für die Zukunft im Hinterkopf, dass Bellen am Fenster ein Problem sein könnte und dass Sie Ihren Hund aktiv eine alternative Reaktion lehren müssen, wenn er draußen Menschen vorbeigehen sieht. Setzen Sie jedes Mal bewährte Leckerchen oder Spielsachen zur Bestärkung ein, wenn er sich vom Fenster wegdreht, nachdem er draußen etwas gesehen hat. Falls nötig, helfen Sie ihm, indem Sie ihn weglocken oder in die Hände klatschen, um seine Aufmerksamkeit zu bekommen. Irgendwann wird er es ganz von selbst tun, weil er gelernt hat, dass es sich lohnt, vom Fenster wegzugehen, wenn draußen jemand vorbeigeht.

Und was, wenn Sie das Zimmer betreten und Ihren Hund dabei ertappen, wie er gerade auf der Fernbedienung herumkaut? Dies ist ebenfalls eine Situation, in der Sie das Verhalten unterbrechen und den Hund auf etwas Angemesseneres umlenken können – zum Beispiel auf das Kauspielzeug, das Sie ihm kürzlich gekauft haben. Es ist auch ein guter Zeitpunkt, um Ihrem Hund ein Signal beizubringen, das »Nein, bitte tu das nicht« bedeutet.

»Nein« ist nur ein Laut

Das Wort »nein« hat etwas Verführerisches. Immer wieder sagen Menschen »NEIN!« zu ihrem Hund und erwarten von ihm, dass er die Bedeutung versteht, selbst wenn sie bei »Sitz« oder »Platz« nie davon ausgegangen sind. Und wie schon erwähnt, wird das Wörtchen oft in voller Lautstärke gebrüllt. Und um die Wahrheit zu sagen, stoppt es das Fehlverhalten ja manchmal tatsächlich. Schreien kann manche Hunde so erschrecken, dass sie mit dem aufhören, was sie gerade tun – aber möchten Sie wirklich, dass Ihr Hund Angst vor Ihnen hat? Davon abgesehen macht Schreien auch nicht besonders viel Spaß. Nehmen Sie sich also lieber die Zeit und lehren Sie Ihren Hund ein Signal, das »Tut mir leid, aber was du da gerade vorhast, ist hier nicht gestattet« – ohne, dass Sie es aus Leibeskräften brüllen müssen.

Entscheiden Sie als Erstes in der ganzen Familie, welches Wort oder welchen Laut Sie künftig dafür benutzen möchten und behalten Sie das dann konsequent bei. Arbeiten Sie daran, dieses Signal mit ruhiger, aber tiefer Stimme zu sagen. Das Wort »nein« ist zwar bei vielen Trainern sehr aus der Mode gekommen, weil es so oft missbräuchlich eingesetzt wird, aber es ist dennoch eine gute Wahl, wenn es das ist, was Ihnen als Erstes über die Lippen kommt. Andere häufig gebrauchte Signale sind »Hey«, »Na« oder »Falsch«.

Bewaffnen Sie sich mit handlichen Leckerchen und verführen Ihren Hund dazu, etwas Unangemessenes zu tun, wie zum Beispiel an Ihren Schuhen zu kauen. Suchen Sie dazu einen Gegenstand aus, der bei Ihrem Hund auf ein gewisses Interesse trifft, aber für ihn nur mäßig attraktiv ist – einen Napf mit Hähnchenfleisch hinzustellen wäre nicht fair. Legen Sie den Gegenstand auf den Boden und sagen Sie »nein«, wenn Ihr Hund darauf zugeht. (Der Einfachheit halber werde ich im Folgenden immer »nein« nehmen.) Sprechen Sie mit tiefer, ruhiger Stimme, aber versuchen Sie, den Laut so schnell wie möglich aus Ihrem Mund kommen zu lassen. Das Ziel ist, den Hund mit dem Laut zu überraschen, nicht, ihn damit zu verängstigen. Mäßigen Sie also die Lautstärke. Wenn Ihr Hund als Reaktion auf Ihre Stimme innehält und nicht weiter auf den Gegenstand zugeht, loben Sie ihn augenblicklich und geben ihm dann ein Leckerchen. Falls er nicht reagiert, bewegen Sie das Leckerchen vor seine Nase und locken ihn weg. Dann treten Sie einen Schritt zurück und geben ihm die Möglichkeit, den Gegenstand noch einmal zu schnüffeln.

Wenn er sich nun wieder dem verbotenen Gegenstand zuwendet, wiederholen Sie »nein« und geben Ihr Bestes, es zu sagen, bevor Ihr Hund den Gegenstand berührt. Reagieren Sie dann wie zuvor mit Lob und Leckerchen, wenn er innehält und helfen ihm mit Locken auf den richtigen Weg, wenn er nicht anhält.

Ihr Hund wird Ihnen – gelobt sei seine pelzige kleine Seele – jede Menge Gelegenheiten geben, dies zu üben, sei es, dass er am Tischbein nagt, sich zum Pinkeln auf den Teppich hockt oder die Katze die Treppe hinaufjagt. Der Schlüssel dazu, dass diese Taktik funktioniert, ist, dass Sie Ihr Signal so schnell wie irgendmöglich sagen und dann allzeit – wirklich allzeit! – bereit sind, ihn dafür glücklich zu machen, dass er auf Sie gehört hat. Hilfreich dabei ist, wenn die Bestärkung dazu passt, was Ihr Hund gerade im Begriff war zu tun. Wenn er gerade die Katze jagen wollte, bestärken Sie ihn damit, dass er Ihnen oder einem Ball nachjagen darf. Wenn er Ihre neuen Schuhe zerkauen wollte, geben Sie ihm einen Kauknochen.

Gute Gewohnheiten machen gute Hunde

Hier noch ein letzter Kommentar dazu, wie man Hunde davor bewahrt, sich selbst (und uns) in Schwierigkeiten zu bringen. Ich habe es bereits früher angesprochen, wiederhole es aber, weil es so wichtig ist. Gute Hunde sind Hunde, denen bereits früh in ihrem Leben gute Gewohnheiten beigebracht wurden und die man (so gut es geht) davor bewahrt hat, schlechte Gewohnheiten zu lernen. Natürlich kann man Gewohnheiten ändern, aber wir alle wissen, dass das schwieriger ist, als es gleich von Anfang an richtig zu machen. Am glücklichsten werden Sie mit Ihrem Hund, wenn Sie ihn aktiv gute Gewohnheiten lehren und ihm wenig Gelegenheit geben, problematische zu lernen. Dieser Rat erscheint so simpel, dass man ihn für überflüssig halten könnte, aber es erfordert Nachdenken und Aufmerksamkeit von unserer Seite, wenn wir den Hunden immer einen Schritt voraus bleiben möchten.

Wenn Ihr Welpe zum Fenster rennt und jedes Mal bellt, wenn er draußen jemand vorbeigehen sieht, lehren Sie ihn eine andere Reaktion (oder besser noch – warten Sie das erste Bellen gar nicht erst ab!). Wenn der Spitzname »Maul mit vier Pfoten« auf Ihren Hund zutrifft, warten Sie nicht ab, bis er Ihre italienischen Schuhe aus dem Schrank klaut. Beugen Sie Problemen vor, indem Sie Ihre persönlichen Gegenstände nicht auf dem Fußboden liegen lassen und Türen schließen. Das mag sehr offensichtlich klingen, aber es kostet einiges an Energie, zu agieren anstatt zu reagieren und genau das macht wahrscheinlich den größten Unterschied zwischen professionellen Hundetrainern und Anfängern aus. Geben Sie Ihrem Hund also jede Menge Kauspielzeuge, lenken Sie ihn auf passende Aktivitäten und sagen Sie sich Ihres Seelenfriedens willen täglich »Auch das wird vorbeigehen, auch das wird vorbeigehen« vor. Es wird vorbeigehen. Und nur allzu schnell werden Sie sich fragen, wo nur die Jahre hingegangen sind und vergessen, wie viel Arbeit es war, Ihren Hund zu einem guten Mitbürger zu machen – bis Sie wieder einen neuen bekommen.

FRIEDE, GEDULD UND DIE RUDELPOLITIK

Die Regeln des Gruppenlebens
gelten für alle

Meine Kundin sah mich an, als ob ich ihr vorgeschlagen hätte, ihrem Hund das Schlittschuhlaufen beizubringen. Tatsächlich hatte ich ihr geraten, ein Teil des Chaos in ihrem Multi-Hunde-Haushalt dadurch zu beseitigen, indem sie die Hunde bei der Ankunft von Gästen in ein Hinterzimmer bringen sollte. »Machen Sie Witze?« fragte sie. »Das kann ich nicht machen. Die Hunde würden die Tür einreißen.«

Oh je. Wie oft habe ich schon ähnliches von Menschen mit Hunderudeln gehört, deren alleinige Kopfstärke schon Probleme zu machen begann. Vielleicht ist das Problem ein bisschen zu viel Aufregung, wenn Besucher an die Tür kommen – und Sie beginnen, einen alarmierenden Rückgang in der Zahl der Freunde festzustellen, die gerne einmal kurz bei Ihnen vorbeischauen. Vielleicht herrscht zwischen zwei Ihrer Hunde auch eine gewisse Spannung und Sie fragen sich, wo das hinführen könnte.

Tatsache ist, dass es anders ist, mit mehreren Hunden zu leben anstatt nur mit einem. Schon ein einziger Hund kann Aufregung ohne Ende verursachen, wenn es an der Haustür klingelt. Aber nichts ist vergleichbar mit dem Wahnsinn, den eine Hundegruppe veranstalten kann, wenn alle sich zu sehr aufregen. Randalierende Fans bei einem Fußballspiel mögen der Sache nahe kommen, aber Sportveranstaltungen haben zumindest Schiedsrichter und Sicherheitsleute. (Wir sollten ehrlich dankbar dafür sein, dass Hunde nicht den Abend vor der Ankunft von Gästen mit Biertrinken verbringen!)

Diejenigen von uns, die ganz vernarrt in Hunde sind und das Glück haben, gleich mehrere zu besitzen, wissen, wie viel Freude das Leben mit mehr als einem Hund mit sich bringt. Die Interaktionen der Hunde untereinander sind besser als jede Fernsehshow. Sie nehmen etwas von dem Druck von uns Menschen, der Dreh- und Angelpunkt ihres Lebens sein zu müssen. Das Leben in einer Gruppe hat auch etwas Tröstliches, finde ich, besonders, wenn man trotzdem sein eigenes Badezimmer besitzt.

Erübrigt sich zu sagen, dass das Gruppenleben auch seine Probleme mit sich bringen kann. Es ist schwieriger, die Aufmerksamkeit, geschweige denn die Kooperation eines Hundes zu bekommen, wenn andere Hunde in der Nähe sind und ihm Gesellschaft bieten. Manche Hunde sind einfach nicht für das Leben in der Gruppe geeignet und sind alleine pflegeleichter zu halten. Oder sie entwickeln ernsthafte Blutfehden mit anderen Hunden, bei denen der einzige Hoffnungsschimmer darin besteht, dass Hunde zum Glück keine Atomwaffen im Hinterhof bauen können.

Es überrascht auch nicht, dass es eine Unmenge von Ratschlägen dazu gibt, wie man mit Problemen umgehen soll, die in einem Mehrhunde-Haushalt entstehen. Der traditionelle und immer wieder geäußerte Rat hebt hervor, wie wichtig es angeblich sei, den »dominanten« Hund im Rudel zu erkennen und dieses Individuum wie ein Mitglied der Königsfamilie zu behandeln. Man soll ihn als erstes füttern, als erstes zur Tür hinauslassen oder was auch immer dazu geeignet ist, ihm zu verdeutlichen, dass er wichtiger ist als alle anderen

Hunde. Dieser Rat basiert auf der Annahme, dass die meiste Aggression in einem Wolfsrudel dann stattfindet, wenn die Hierarchie zerstört wurde. Die dahinterstehende Idee ist also: Wenn Sie den »Führer« unterstützen, stabilisieren Sie das ganze Rudel. Wie so oft kann bruchstückhafte Information eine gefährliche Sache sein, und die Empfehlung »unterstützen Sie den Alpha« hilft in der Regel nicht nur nicht weiter, sondern kann für diejenigen von uns, die mit drei Shelties und einem Terrier anstatt mit einem Wolfsrudel zusammenleben, sogar direkt gefährlich sein.

Erst einmal verhalten sich Hunde nicht exakt genauso wie Wölfe, wofür meine Schafe sehr dankbar sind. Hinzu kommt – was noch wichtiger ist –, dass es jede Menge Aggression in einem »stabilen« Wolfsrudel geben kann, wenn das Alphamännchen oder Alphaweibchen ein echter Rüpel ist. Die mir bekannten Wolfsforscher sagen alle, dass die Persönlichkeit des Leitwolfs oder der Leitwölfin den größten Einfluss auf das Aggressionsniveau innerhalb der Gruppe hat. Manche Leitwölfe sind ruhige, wohlwollende Gemüter, die Gewalt nur dann einsetzen, wenn es gar nicht anders geht und die übermäßigen Gewalteinsatz von anderen nicht tolerieren. Andere hochrangige Individuen sind nervöse Rüpel, die das Rudel mit Terror und Einschüchterung regieren. (Klingt das in Bezug auf unsere eigene Spezies nicht irgendwie bekannt?) Ich habe unzählige Beratungsgespräche mit Kunden geführt, denen man zuvor gesagt hatte, sie müssten »den Alpha unterstützen« und die damit das Problem letzten Endes nur verschlimmert anstatt behoben hatten. Manche Hunde reagieren auf die Vorzugsbehandlung wie auf eine Lizenz zum Tyrannisieren der anderen. Ich habe schon Haushalte gesehen, in denen rangniedere Hunde sprichwörtlich ihr Leben riskieren mussten, nur um an einen Schluck Wasser zu kommen.

Das alles soll nicht heißen, dass Status in einer Hundegruppe keine Bedeutung hat. Natürlich hat er das. Sonst würden Hunde sich nicht gegenseitig mit hochgestelltem oder gesenktem Schwanz begrüßen und es wäre auch nicht sehr wichtig, wer wohin pinkelt und wer seinen Urin auf dem von jemand anderem deponiert. Aber ich bezweifle, dass Statushierarchien für Hunde genauso wichtig sind wie für Wölfe. Und wichtiger noch: Sollte das nicht auch in Ihrem Wohnzimmer vollkommen irrelevant sein, wenn es an der Haustür klingelt? Wir erziehen unseren Kindern ja auch nicht den Glauben an, dass sie nur aufgrund ihres sozialen Status alles bekommen können, was sie wollen (wenigstens tun die meisten von uns das nicht, und wer es tut, gibt es selten zu) – warum also sollten wir Hunde so erziehen?

Mein Rat an Menschen, die mit einem Rudel von Hunden leben, ist: Bringen Sie den Hunden bei, dass sie das Gewünschte durch Geduld und Höflichkeit bekommen und nicht dadurch, dass sie ihr Körpergewicht zur Beschleunigung einsetzen. Du möchtest zur Terrassentür hinaus in den Garten gehen? Bitte bleibe kurz vor der Tür stehen, anstatt deinem Menschen von hinten in die Knie zu rammen und auf dem Weg nach draußen den ältlichen und gebrechlichen Golden Retriever über den Haufen zu laufen, der mit dir im Haus lebt. Du möchtest etwas Zuwendung von deinem Menschen? Bitte sei so freundlich und setze oder lege dich hin, bis er oder sie damit fertig ist, einen anderen Hund zu streicheln. Falls du dich einmal vergisst, was uns allen von Zeit zu Zeit passiert, und den anderen Hund wegschubst, um die Aufmerksamkeit für dich allein zu haben, wirst du freundlich daran erinnert werden, zurückzutreten, dich hinzulegen und ein bisschen zu warten, während der andere Hund Sonderstreicheleinheiten unter dem Kinn bekommt. Du bist aufgeregt, weil Besucher vor der Haustür stehen? Ach ja, sind wir das nicht alle, aber jetzt da wir erwachsen sind haben wir gelernt, uns zu beherrschen, sodass wir höflich in einem anderen Zimmer warten können. Oder wir können vielleicht den Ankömmling ein bisschen eher so wie teetrinkende Fans bei einem Tennismatch begrüßen anstatt wie eine bierlaunige Menge bei einem ____spiel (setzen Sie hier Ihre lauten, deftigeren Sportereignisse ein).

Falls Sie dies gerade lesen, während Ihre fünf Hunde bellend und hüpfend am Fenster stehen, weil draußen ein Skateboarder vorbeifährt, mag das wie ein ziemlich großer Auftrag klingen. Dabei ist das Ziel durchaus in realistischer Reichweite, wenn Sie drei Dinge berücksichtigen. Erstens brauchen heranwachsende Menschen rund 20 Jahre, bis sie gelernt haben, ihre Gefühle zu beherrschen (okay, manche lernen es nie und ich empfehle ihnen, sich ins Hinterzimmer des Lebens zurückzuziehen), also haben Sie Geduld mit Ihren Hunden und denken Sie beim Trainieren im Maßstab von Monaten und Jahren, nicht in Tagen und Wochen.

Zweitens sollten Sie jede Übung zu einem fröhlichen Spiel machen, in dem Ihre Hunde lernen, dass es sich wirklich lohnt, geduldig und höflich zu sein – sie bekommen extra gute Leckerchen und Spielsachen und Aufmerksamkeit dafür, dass sie so hart gearbeitet haben. Es wird außerdem nicht schaden, wenn Sie auch sich selbst für Ihre Geduld und Höflichkeit bestärken – etwas, das auch wir erst üben müssen, wenn unsere Hunde hysterisch um unsere Beine herumwuseln. Mit viel positiver Bestärkung für Sie alle werden gute Gewohnheiten mit der Zeit immer weniger anstrengend, so wie das tägliche Zähneputzen oder der Blick in den Rückspiegel.

Drittens trainieren Sie zu Beginn jede Übung immer nur mit einem Hund zur selben Zeit. Ironischer-, aber auch verständlicherweise ist es nämlich so: Je mehr Hunde wir haben, desto weniger Zeit verbringen wir mit jedem einzelnen. So schön es auch ist, mit einem Rudel zu leben – Sie müssen eine Beziehung zu jedem einzelnen Ihrer Hunde haben, und die bekommen Sie nicht, wenn Sie immer mit allen zusammen als Gruppe üben. Üben Sie also mit jedem Hund einzeln, und sei es nur für fünf Minuten. Wenn Ihr Hund schon nicht auf Sie hört, wenn Sie allein mit ihm sind – warum um alles in der Welt sollte er dann auf Sie hören, wenn er in der Gruppe steckt? Finden Sie heraus, welches Maß an Ablenkung jeder Hund ertragen kann und nutzen Sie positive Bestärkung, um diese Grenze ganz allmählich immer weiter heraufzusetzen.

Natürlich wird all das eine Weile dauern, aber wenn es Ihnen keinen Spaß machen würde, mit Hunden zu arbeiten, hätten Sie ja auch schließlich nicht so viele, oder? Nur selten gibt es Hunde, die nicht gerne lernen. Die meisten scheinen diese Art von Training sogar zu lieben. Und genau wie kleine Kinder finden sie es toll, wenn sie Ihre ganz ungeteilte Aufmerksamkeit bekommen, und sei es auch nur für winzig kurze Momente. Wer weiß, welche positiven Auswirkungen sich noch daraus ergeben werden – nachdem Sie erst zuhause das angestrebte Maß an Frieden und Harmonie erreicht haben, könnten Sie Ihre Fähigkeiten vielleicht auf die Fans und Spieler von Sportereignissen anwenden ...?

ALPHA, SCHMALPHA?

Müssen Sie wirklich »dominant« über Ihren Hund sein?

Als ich kürzlich ganz unschuldig in einem Zoofachmarkt die Etiketten von Hundefutter las, hörte ich, wie eine Frau ihrer Freundin ausführlich erklärte, Hunde seien nur dann glücklich, wenn man es schaffen würde, dominant über sie zu sein. Weiterhin führte sie aus, dass man Dominanz dadurch erlangen würde, dass man den Hund auf den Rücken wirft und ihm ins Gesicht schreit – »genau wie Wölfe das auch machen«, sagte sie. Ich würde zu gerne sehen, wie sie das in einem Wolfsgehege versucht – oder nein, eigentlich würde ich das lieber nicht sehen, wenn ich näher darüber nachdenke. Ich bin nicht der Meinung, dass auf schlechte Ratschläge die Todesstrafe stehen sollte. Und ach, wie viele Ratschläge gibt es in der Welt der Hundeerziehung! Sicherlich kommen sie zahlenmäßig erst an zweiter Stelle nach der Flutwelle an Ratschlägen, die man den Eltern von neugeborenen Kindern erteilt. Aber wenn man mit einem Nachbarshund aufgewachsen ist, so scheinen die meisten Menschen zu glauben, qualifiziert einen das dazu, den Rest der Menschheit zu allen Fragen rund um einen Hund zu beraten, den man noch nie selbst gesehen hat, egal, ob es sich dabei um Fragen trivialer oder ernster Natur handelt.

Schlimm genug, wenn man von widersprüchlichen Ratschlägen wohlmeinender Freunde umgeben ist, aber noch etwas ganz anderes ist es, wenn die von einem Profi kommenden Ratschläge widersprüchlich sind. Die Bandbreite der hier und heute von Hundetrainern erteilten Ratschläge ist so unermesslich wie der Atlantische Ozean. Der eine sagt: »Sie müssen härter mit Ihrem Hund sein! Hunde respektieren nur den Alpha, und der müssen Sie sein!« Ein anderer sagt: »Alpha Schmalpha, es gibt keine Dominanzhierarchie bei Haushunden. Hunde sind keine Wölfe; sie stammen von streunenden Dorfhunden ab, die nicht wie Wölfe in Rudeln leben und haben deshalb auch kein Verständnis für soziale Hierarchien.« Kein Wunder, dass es in unseren Schädeln brummt. Nicht so unsere Hunde. Sie lecken sich in Ruhe die Pfoten, und wenn ich mich für einen Moment in sie hineinversetzen darf, stelle ich mir vor, dass sie sich über unsere Verwirrung amüsieren. Wenn sie sich uns gegenüber erklären könnten, würden sie vielleicht sagen: Es gibt nur zwei Dinge, die Ihr darüber wissen müsst, wie man ein Verständnis einer sozialen Hierarchie in die Hundeerziehung einbaut – erstens, es ist wirklich einfach, und zweitens, es ist wirklich kompliziert.

Fühlen Sie sich besser? Dabei sind diese beiden Aussagen gar nicht so widersprüchlich, wie es scheint. Hier eine andere Möglichkeit, es zu formulieren: Soziale Hierarchien sind keine simplen, linearen Hackordnungen und es ist wichtig, sie nicht zu stark zu vereinfachen. Tatsächlich aber haben viele Hundetrainer und auch Hundehalter die Struktur der sozialen Beziehungen unter Hunden übermäßig vereinfacht, was unseren Hunden nicht gerade gut getan hat. Der Ratschlag »dominant über den Hund zu sein« wurde in der Vergangenheit herumgeworfen wie Reis auf einer Hochzeit, allerdings ohne ein Verständnis davon, was Dominanz wirklich ist.

Das meiste, was wir über das Sozialverhalten unserer eigenen Hunde zu wissen glauben, wurde vom Wolfsverhalten hergeleitet und diese Studien haben uns viel über die Hunde gelehrt, mit denen wir leben. Genau wie Wölfe (die, wie wir heute wissen, die gleiche Spezies sind wie Hunde und sich frei mit diesen paaren können) neigen unsere Hunde zur Territorialität und begrüßen sich gegenseitig in ritualisierten Verhaltensäußerungen, bei denen visuelle Signale den sozialen Rang kommunizieren. Ein unterwürfiges Grinsen (»submissive grin«) bedeutet bei einem Hund das Gleiche wie bei einem Wolf. Aber Extrapolationen von Wölfen auf Hunde sind nicht immer korrekt, weil Hunde nicht ihr gesamtes Verhalten mit Wölfen teilen. Wenn man dann noch ein paar erstaunlich fehlerhafte Beschreibungen von Wolfsverhalten hinzufügt, landet man bei einigen wahrhaft schrecklichen Ratschlägen zum Umgang mit dem Hund. So wird Besitzern zum Beispiel geraten, »wie Wölfe zu handeln und den Alpha-Wurf anzuwenden« – sprich den Hund am Nackenfell zu packen, ihn auf den Rücken zu werfen und ihm ins Gesicht zu schreien. Wölfe machen aber keine »Alpha-Würfe« – in Momenten sozialer Spannung legen sich einzelne Wölfe selbst auf ihren Rücken und nehmen eine Position ein, die man »passive Unterwerfung« nennt. Einen Hund auf den Rücken zu werfen und ihm ins Gesicht zu brüllen ist kein »natürliches« Verhalten im sozialen Repertoire von Wolf oder Hund. Es ist das Benehmen eines Verrückten. Kein Wunder, dass schon so viele Hunde ihre Halter gebissen haben, wenn sie in »Alpha-Würfe« gezwungen wurden. Was würden Sie denn tun, wenn Sie mit jemandem zusammen in einem Haus leben, von dem Sie nie wissen, wann er Sie das nächste Mal angreift? Genau wie Kinder, die in prügelnden Familien leben, beginnen auch Hunde irgendwann während des Heranwachsens sich zu wehren. Wenn Sie wüssten, wie viele Hunde als »bösartig« abgestempelt werden, weil sie nichts weiter getan haben als sich zu verteidigen – es würde Ihnen das Herz brechen.

Es haben so viele Menschen das Wort »Dominanz« mit harschen Trainingstechniken und Gewaltanwendung gegenüber Hunden gleichgesetzt, dass viele von uns schon zum Zusammenzucken konditioniert sind, wenn wir es nur hören. Der Begriff ist so problematisch, dass Wayne Hunthausen (eine auf Verhaltenstherapie spezialisierte Tierärztin) und ich auf einer Konferenz spaßeshalber von »dem früher als Dominanz bezeichneten Konzept« zu sprechen begannen und uns sogar in Anlehnung an den Musiker Prince (»Der früher als Prince bekannte Künstler«) ein spezielles Symbol dafür ausdachten. Dominanz ist ein so schmutziges Wort, dass man selbst bei der Erwähnung damit verwandter Themen wie zum Beispiel sozialen Status Gefahr läuft, von manchen Trainern oder Verhaltensexperten dafür das Äquivalent einer Korrektur mit Teletakt-Halsband zu kassieren. Aber man kann nun einmal nicht zuschauen, wie sich zwei Hunde begrüßen und dabei die offensichtliche Tatsache ignorieren, dass sozialer Status für Hunde wichtig ist – genau so wenig, wie man nicht mal kurz zum Präsidenten der Vereinigten Staaten herübergehen und ihn nach der Uhrzeit fragen kann. Sicher können wir auch ohne das Argument, dass sozialer Status irrelevant für Hunde und unsere Beziehung zu ihnen sei, für einen gewaltfreien Umgang mit Hunden eintreten. Letzten Endes mag es ja sein, dass alle Hunde gleich sind, aber ganz bestimmt sind einige gleicher als andere.

Wenn man ein verworrenes und kompliziertes Thema auseinanderklamüsern möchte, ist es immer eine gute Methode, einen Schritt zurückzutreten und das große Gesamtbild zu betrachten. Und obwohl unser Wissen über das Sozialverhalten von Hunden erstaunlich dünn ist, wissen Ethologen glücklicherweise doch eine ganze Menge darüber, wie Hunderte von Tierspezies ihre sozialen Interaktionen handhaben. Dieses Wissen kann uns helfen, unsere Beziehung zu Hunden ins richtige Licht zu rücken. Hier sind einige Dinge, die wir aus Zehntausenden Stunden Beobachtung von in Gruppen lebenden Tieren von Kojoten bis zu Schimpansen wissen. Als Erstes wissen wir, dass Dominanz und Aggression zwei vollkommen unterschiedliche Dinge sind. Dominanz ist einfach nur eine Position in der sozialen Hierarchie, eine Beschreibung des Verhältnisses zwischen zwei oder mehr Individuen, in dem ein Individuum mehr soziale Freiheiten genießt als das andere. Dieses Konzept ist uns Menschen, die wir selbst eine stark hierarchische Spezies sind, sehr vertraut. Vielleicht halten Sie sich selbst für einen Verfechter des Egalitarismus, also der Idee, dass alle Menschen gleich sind. Wenn allerdings der Minister Ihrem Haus einen Besuch abstatten würde, während Sie gerade diese Zeilen lesen, würden Sie höchstwahrscheinlich die Tür öffnen – aber versuchen Sie einmal, die Villa des Ministers nur aus dem Grund betreten zu wollen, weil Ihnen gerade nach einem kleinen Schwätzchen zumute war.

Trotzdem bedeutet die Existenz einer sozialen Hierarchie nicht, dass Gewalt notwendig ist. Natürlich ist Gewalt eine Möglichkeit, wie ein Individuum zu mehr Macht gelangen kann – aber es ist eben nur eine Möglichkeit und auch keine besonders gute. Wenn ein Individuum hohen sozialen Status durch Aggression erreicht, kann dieser Status nur durch äußerste Wachsamkeit und Anwendung von Zwangsmaßnahmen aufrechterhalten werden. Davon abgesehen ist Kämpfen immer auch gefährlich, besonders für Beutegreifer wie

Hunde, die rasiermesserscharfe Zähne im Mund haben. Ergo hat sich die Natur einen anderen Weg ausgedacht. Soziale Hierarchien, innerhalb derer jedes Einzelwesen weiß, wo sein Platz in der Gesellschaft ist, sind zur Vermeidung von Gewalt gedacht – nicht zu deren Förderung. Es gibt in jeder Spezies jede Menge friedliche Möglichkeiten, zum Anführer zu werden – von Wahlen (bei uns) bis hin zu Familienbeziehungen und Koalitionen (bei anderen).

Wie ein Individuum hohen Status erreicht und aufrechterhält liegt mindestens so sehr an seiner eigenen Persönlichkeit wie an allem anderen. Von Menschen über Schimpansen bis hin zu Wölfen und Schafen schaffen es manche Individuen allein durch ihre Präsenz, eine Gruppe hinter sich zu bringen. Sie strahlen diese schwer zu beschreibende Aura ruhigen Selbstvertrauens aus, von der wir alle uns angezogen fühlen. Ich finde es faszinierend, wie universell die Reaktion auf »Führungsqualitäten« ist und dass diese Qualitäten über die Artengrenzen hinweg relevant zu sein scheinen. Jeder Schäfer sucht nach diesem ganz besonderen Hund, der durch nichts weiter als seine körperliche Präsenz die Schafe davon überzeugen kann, ihn das Kommando übernehmen zu lassen. Es sind die weniger selbstbewussten Hunde, die ihre Zähne einsetzen und die Schafe kneifen müssen, und es sind die wirklich panischen, die mit zugekniffenen Augen zubeißen und festhalten, die Kiefer um ein Maulvoll Wolle gekrampft. Ich nenne sie »Möchtegern-Alphas«. Egal ob Mensch oder Hund, es ist genau die Art von Persönlichkeit, die Sie sich als Letztes als Ihren Chef wünschen, denn ihre Unsicherheit lässt sie zum Einsatz von Zwang und Gewalt neigen – sogar dann, wenn es gar nicht nötig ist. Zu bedauern sind die armen Hunde, deren Besitzer Möchtegern-Alphas sind. Sie können nicht einfach kündigen und sich einen anderen Job suchen.

Es gibt aber noch eine weitere übermäßige Vereinfachung, die Hunden ebenfalls Leid zufügen kann. Sie ist das andere Extrem zur »Seien-Sie-dominant-über-Ihren-Hund-Theorie« und kommt von Besitzern, die es nicht ertragen können, ihren Hunden irgendetwas abzuschlagen. Möchtest du eine Massage? Einen Keks? Du möchtest niemals von irgendetwas ausgeschlossen werden? Man nennt das »einen Hund verderben«. Zwar »verderben« viele von uns ihre Hunde, indem sie ihnen hundertprozentig natürliches Biofutter füttern und ihnen farblich aufeinander abgestimmte Hundebetten kaufen, aber das ist es nicht, worum es hier geht. Es geht um Besitzer, die allein schon der

Gedanke daran schmerzt, dass sie ihrem Hund irgendeinen Wunsch ablehnen müssen. Ich sehe sie gelegentlich in meiner Sprechstunde. Ihre Hunde haben buchstäblich niemals gelernt, auch nur die leichteste Frustration zu ertragen. Leider neigt das Leben dazu, unsere Pläne durcheinanderzubringen, und so ist jeder dieser Hunde früher oder später irgendwann einmal frustriert. Eines Tages können sie nicht mit dem Hund draußen spielen, weil das Fenster im Weg ist, sie kommen nicht an das unter dem Sofa liegende Spielzeug heran oder ihr Besitzer zieht sie am Halsband von der Haustür weg. Wenn das passiert, bekommen einige dieser Hunde einen Wutanfall, weil sie nie gelernt haben, mit Enttäuschungen umzugehen. Einen Wutanfall bei einem jungen Welpen zu sehen ist die eine Sache, aber schlichtweg furchterregend wirkt er, wenn er von einem vierzig Kilo schweren erwachsenen Hund produziert wird, der Zähne hat, mit denen er Leder aufschlitzen könnte.

Manche dieser Hunde sind nervös und wandern rastlos so lange in meinem Büro hin und her, bis ihre Besitzer aufhören, sie zu bedienen und sich wirklich um sie zu kümmern zu beginnen. Tatsache ist, dass manche Hunde (genau wie manche Menschen) die Welt als einen gefährlichen Ort empfinden und bei ihren Besitzern nach Führung suchen. »Führung« gilt in manchen Kreisen als schmutziges Wort, was sehr schade ist, denn genau das ist es meiner Meinung nach, was manche Hunde brauchen. Vielleicht fällt es vielen von uns Amerikanern traurigerweise nach dem 11. September leichter, dieses Bedürfnis nach einem wohlwollenden Führer nachzuvollziehen. Das Bedürfnis nach jemand, auf den man zählen kann, der gute, kluge Entscheidungen trifft und uns beschützt. Aber wer keine Grenzen setzen kann, hat es auch schwer, einen Führungsanspruch zu etablieren – und so sind diejenigen Hunde, die ständig von ihren Besitzern bedient werden, oft nervös und ängstlich. Ruhiger und glücklicher wären sie, wenn sie sich darauf verlassen könnten, dass jemand anderer einige der Entscheidungen übernimmt. Hunde vom Typ Möchtegern-Alpha, die viel soziale Kontrolle ausüben möchten, aber selbst unsicher sind, scheinen besonders problematisch zu sein, wenn ihnen keine wohlgemeinten Grenzen gesetzt werden.

Obwohl die Themen sozialer Status, Dominanz und wie wir unsere Hunde behandeln sollten also einerseits kompliziert sind, sind sie andererseits auch sehr einfach. Sozialer Status ist für Hunde und Menschen dann relevant, wenn sie in organisierten Gruppen mit einer begrenzten Menge hochwertiger

Ressourcen leben. Dominanz ist nicht das Gleiche wie Sozialstatus, und Sozialstatus ist nur ein kleiner Aspekt unserer Beziehung zu Hunden. Er wurde überbetont, fehlinterpretiert und zur Rechtfertigung aller möglichen schrecklichen Verhaltensweisen gegenüber unseren Hunden missbraucht, und es ist ein Glück, dass viele Hundehalter sich davon abwenden. Aber auch das andere Extrem kann seine eigenen Probleme hervorbringen. Hunde mögen uns als Spielkameraden und Freunde brauchen, aber ebenso sehr brauchen sie uns als wohlwollende Führer. Genau das ist es, was gute Eltern und gute Lehrer sind – und gute Hundehalter. Ich glaube, letzten Endes ist es doch wirklich ganz einfach.

SPIELT SCHÖN MIT ANDEREN

Mit Übung können selbst Kamikaze-Hunde ein paar Manieren lernen

E r ist einfach so freundlich, stimmt's?« Larry, der hier zur Rede stehende Hund, raste leinenlos auf der Hundewiese umher und warf sich auf jeden Hund in hundert Meter Umgebung. Größe und Alter waren dabei egal – Mastiffs und Malteser waren gleichermaßen die Empfänger frontaler Sturmangriffe, grober Rempler und Aufspringversuche. Irgendwann warf sich unser »überfreundlicher« Hund auf einen Border Collie-Labradormix, der Anstoß an diesem Benehmen nahm und mit Zähnefletschen antwortete. Zweifellos hauchten die Besitzer der anderen bedrängten Hunde ein leises »Danke!« vor sich hin, genau wie – wenn ich mir die Kühnheit erlauben darf, über das seelische Befinden einer anderen Spezies zu spekulieren – deren Hunde.

Larrys Halterin war meine Kundin, und nachdem ich sie davon überzeugt hatte, ihn während unseres Treffens auf der Hundewiese anzuleinen, schüttete sie mir ihr frustriertes Herz aus.»Ich verstehe einfach nicht, warum die anderen Hunde so gemein zu Larry sind. Er will doch nur spielen.« Die Frau war keineswegs dumm – sie war eine absolut nette, intelligente Person, die nur das Beste für ihren Hund wollte. Sie hatte zuvor noch nie einen Hund besessen und wusste wie viele Ersthundebesitzer nicht, dass Hunde genau wie Kinder auf dem Spielplatz höflich, wie ein sozial Behinderter oder wie ein Rowdy spielen können.

Gute Erziehung oder gutes Verhalten?

Einen gut erzogenen Hund zu haben ist die eine Sache – einen, der sich fröhlich und gern auf Kommando hinsetzt und der seine matschigen Pfoten von Tante Polly lässt. Eine andere Sache ist ein Hund, der sich anderen Hunden gegenüber gut verhält –, der »schön mit anderen spielt«, auch wenn die »anderen« vier Pfoten und pelzige Gesichter haben und ihre Spielgefährten mit dem Maul anstatt mit den Händen anfassen.

Ein Hund kann anderen Hunden gegenüber aus den unterschiedlichsten Gründen unhöflich sein. Vielleicht hat er während seiner eigenen sensitiven Sozialisationsphase nicht genügend Kontakt zu gut sozialisierten Hunden gehabt. Vielleicht hat der Hund, mit dem er aufgewachsen ist, ihm nie auf hündisch erklärt »Nein, du sollst nicht auf meinen Kopf springen, wenn ich gerade tief und fest schlafe«. Manche Hunde sind in Gegenwart anderer Hunde nervös und drücken das ganz ähnlich aus wie ängstliche Menschen auf einer Party, die nicht zu reden aufhören und das ganze Gespräch an sich ziehen anstatt ruhig von der Seite aus zuzuhören. Andere Hunde könnten »Möchtegern-Alphas« sein, die nach Status streben, aber voller Angst sind – von der Sorte »ich kriege dich bevor du mich kriegst«. Was auch immer der Grund ist: Am wichtigsten ist, dass Sie grobes Spiel erkennen, wenn Sie es sehen und Ihren Hund davor beschützen, bevor er gezwungen ist, sich selbst zu verteidigen. Wenn Ihr eigener Hund der Rüpel ist, müssen Sie ihn lehren, wie man höflich spielt.

Manieren 101

Beginnen wir mit dem Anfang – höfliches Spiel beginnt mit einer höflichen Begrüßung. Hunde mit guten Manieren nähern sich einander in entspannter

Gangart an, und zwar eher seitlich als frontal aufeinander zu. Bei einem Welpen mag es in Ordnung sein, wenn er mit voller Geschwindigkeit auf einen anderen Hund losrast und gegen ihn prallt wie ein Testauto gegen eine Betonwand, aber wenn er etwa sechs Monate alt ist, sollte er in der Lage sein, sich mit einem gewissen Maß an Diskretion zu nähern. Manche Welpen haben diese Fähigkeit von Anfang an, während die eher überschwänglichen Typen erst von den älteren Hunden darin unterwiesen werden müssen, auf einen gewissen Benimm zu achten. Ein leises Knurren hier, ein sanftes Zwicken da, und die meisten jungen Hunde lernen schon früh, dass soziale Beziehungen auch ihre Grenzen haben.

Manche Hunde nehmen die Warnungen der anderen aber auch nicht ernst, verbringen nicht genug Zeit mit älteren Hunden oder wachsen in Haushalten auf, in denen ein älterer, schon seit langem leidender Hund sie alles tun lässt, was sie wollen. Genau wie wir kleine Kinder verziehen können, indem wir ihnen jeden Wunsch von den Lippen ablesen, können auch freundliche ältere Hunde Welpen verziehen, indem sie sie in dem Glauben lassen, dass alles geht. Ich würde mir keine besonderen Gedanken machen, wenn ältere Hunde einem neun Wochen alten Youngster »Welpenprivilegien« zugestehen, aber ich wäre besorgt, wenn es einem sechs Monate alten Junghund außerhalb einer expliziten Spielsituation gestattet wäre, einem anderen Hund nach Lust und Laune auf den Kopf zu springen, ohne dass das Opfer dies irgendwie kommentiert.

Falls das in Ihrem Haushalt passieren sollte, sind Sie gut beraten, wenn Sie Ihrem Welpen lernen helfen, wie man andere Hunde höflich begrüßt. Das ist zugegebenermaßen nicht das einfachste Projekt in der Hundeerziehung, weil wir hier von Verhalten zwischen zwei Hunden sprechen und nicht von einer Interaktion zwischen Ihnen und Ihrem Hund. Aber es ist machbar, glauben Sie mir. Den größten Erfolg hatte ich damit, den Hunden ein verlässliches »Schau«-Signal beizubringen, mit dem sie lernen, ihre momentane Aktivität zu unterbrechen und in Ihr Gesicht zu schauen. Andere Signale wie vielleicht »Sitz« oder »Platz« können genauso gut funktionieren – alles, was Ihren Hund bremst und ihn von seinem unkontrollierten Drauflosstürmen ablenkt. Üben Sie das zuerst mit ihm alleine und engagieren Sie dann einen oder zwei pelzige Freiwillige von ausgeglichenem Temperament, um das Training zu erweitern. Verlangen Sie von Ihrem Hund »Schau« (oder das Signal Ihrer

Wahl), während der andere Hund sich zunächst in einiger Entfernung befindet. Wenn er reagiert, geben Sie ihm ein gutes Leckerchen und lassen Sie ihn dann zum Spielen mit seinem Freund loslaufen. Mit der Zeit können Sie von ihm verlangen, Sie beispielsweise alle fünf Schritte anzuschauen (oder sich hinzusetzen), sodass er seine Aufmerksamkeit zwischen Ihnen und dem anderen Hund hin- und herschalten muss. Die Hauptsache dabei ist, dass Sie etwas von ihm fordern, was seinen unkontrollierten Sturmlauf auf den anderen Hund zu bremst. Mit Übung und dem Älterwerden können die meisten Hunde einen relativ kultivierten Begegnungs- und Begrüßungsstil entwickeln.

Plan A (und B)

Tja, und was, wenn Ihr Hund eher das Opfer als der Übeltäter ist? Auch in diesem Fall müssen Sie nicht hilflos dastehen. Auch wenn Ihr Hund nicht das Problem ist, besteht die Lösung darin, ihm einen neuen Trick beizubringen, nämlich das »Not-Sitz-Bleib«. Falls ein anderer Hund auf Sie beide zugeschossen kommt, fordern Sie von Ihrem Hund Sitz und Bleib und stellen sich dann zwischen ihn und den herankommenden Hund. Wenn dann der Hund auf Sie zurennt (und Ihr vorbildlich braver Hund hinter Ihnen sitzen bleibt), konzentrieren Sie sich darauf, das Verhalten des anderen Hundes zu ändern.

Oft glauben Menschen mir nicht, wenn ich ihnen rate, das zu versuchen, aber es konnte schon eine beeindruckende Zahl von Hunden dadurch ausgebremst oder sogar gestoppt werden, wenn man den Arm zum universellen Sitz-Signal hebt, zwei Schritte vortritt und selbstbewusst »SITZ« sagt. Falls das nicht funktionieren sollte, gehen Sie zu Plan B über (den ich von Trish King an der Marin Humane Society gelernt habe – tausend Dank, Trish!): Werfen Sie dem heranstürmenden Hund eine Handvoll Leckerchen ins Gesicht. Wenn er dann durchs Gras schnorchelt und die Leckerchen aufsaugt, befreien Sie Ihren Hund aus dem Sitz-Bleib, gehen weiter und überlassen es jemand anderem, mit dem Kamikaze-Caniden klarzukommen, nachdem er erst alle Snacks gefunden hat.

Wie jedes Training funktioniert auch dieses nur, wenn Sie genau so üben, wie Sie es später in der Praxis einsetzen möchten. Das bedeutet: Ihr Hund muss lernen, sich unverzüglich auf Ihr Signal hinzusetzen, und zwar an Ort und Stelle da, wo er sich gerade befindet – und nicht erst um Sie herumkommen und Sie anschauen, wie es die meisten Hunde gelernt haben. Dann muss er lernen, eben dort sitzen zu bleiben, während Sie ein paar Schritte weit weggehen und eine Unterhaltung mit dem anderen Hund führen. Wenn ich das beschreibe, lachen viele Besitzer oft laut auf, weil es ihnen absolut unmöglich durchführbar scheint. Wer könnte es ihnen verdenken? Wenn sie aber Schritt für Schritt daran arbeiten, viel positive Bestärkung verwenden und das Maß der Ablenkung allmählich steigern, sind sie nur zu oft schockiert, wie viel sie tatsächlich doch von ihrem Hund erwarten können. Wenn während dieses Trainings ein anderer Hund um Sie herumläuft und auf Ihren Hund zurast, müssen Sie letzteren natürlich sofort aus dem Sitz-Bleib freigeben – das Letzte, was Sie brauchen können, ist ein im Sitz-Bleib festgenagelter Hund, der von einem Spielplatzekel umgerannt zu werden droht.

Grobes Spiel erkennen

All das oben Gesagte kann bei unhöflichen Begrüßungen helfen, aber was ist mit Hunden, die sich zwar zivilisiert begrüßen, aber dann beim Spielen grob werden? Charakteristisch für grobes Spiel sind zahlreiche Anrempler, von denen die anderen Hunde offensichtlich nicht begeistert sind, zwanghafte Versuche des Aufreitens nur von einem der Spieler oder Jagdspiele, die offensichtlich nur deshalb begonnen werden, damit ein Hund einen Vorwand dafür hat, den anderen in die Beine beißen zu können.

Weil Spiele unter Hunden so überschwänglich sein können und imitiertes Beißen oder von beiden Seiten gleichermaßen als spielerisch empfundenes Knurren beinhalten können, ist es anfangs oft schwierig, grobes Spiel von wohlwollenderen Interaktionen zu unterscheiden. Ihre besten Lehrer sind die Hunde selbst. Ist Ihr Hund am Ende einer »Spielstunde« immer obenauf? Eskalieren die Lautäußerungen, die Sie hören, bei einem der Hunde in ein tiefes, ernstes Knurren? Versucht ein Hund, dem anderen aus dem Weg zu gehen? Spielt Ihr Hund gerne mit den unterschiedlichsten Hundetypen, beginnt aber panisch dreinzuschauen, wenn ein ganz bestimmter Hund ihn umwirft? Baut sich unter den Beteiligten eine Spirale der emotionalen Überforderung auf?

Sie werden merken, dass Ihre Fähigkeit zur Beantwortung dieser Fragen mit der Übung und mit der aus Büchern und Videos gewonnenen Information drastisch ansteigen wird. Wenn Sie nicht sicher sind, was vorgeht, suchen Sie sich einen erfahrenen und vertrauenswürdigen Hundetrainer oder Verhaltensexperten und bitten Sie ihn, Ihren Hund beim Spielen mit anderen zu beobachten. Ebenfalls eine gute Idee ist es, einen Hundeschulkurs zu besuchen, der speziell das Abrufen des Hundes aus den verschiedensten Situationen zum Thema hat. Diese Fähigkeit in petto zu haben kann sich für alle von uns als hilfreich erweisen, und wenn Sie mit Ihrem Hund regelmäßig Hundewiesen oder andere Freilaufgebiete besuchen, ist sie meiner Meinung nach sogar unverzichtbar.

Die Grundlagen sind einfach. Lehren Sie Ihren Hund das »Namensspiel«, indem Sie ihn jedes Mal bestärken, wenn Sie seinen Namen sagen und er Sie daraufhin anschaut. Beginnen Sie in einer Umgebung ohne Ablenkungen und steigern die Ablenkungen dann ganz allmählich, während Sie Aufmerksamkeit von Ihrem Hund verlangen. Mit anderen Hunden zu spielen ist die ultimative Ablenkung, weshalb Sie die Situation, in der Sie üben möchten, sorgfältig aussuchen müssen. Sie möchten ja schließlich nicht, dass Ihr Hund dafür bestärkt wird, dass er Sie ignoriert. Es hilft sehr, wenn Sie als Gruppe an diesem Thema arbeiten können: Alle Besitzer rufen abwechselnd ihre Hunde, und wenn einer von ihnen beschließt, nicht zu reagieren, gehen alle Besitzer zu ihren Hunden und das Spiel ist zu Ende.

Es gibt mehrere gute Hundeschulen, die diese Art von Ausbildung anbieten. Falls Ihre Schule vor Ort das nicht tut, könnten Sie vielleicht anregen, dass man dort einmal darüber nachdenkt. Ich jedenfalls habe festgestellt, dass es eine unbezahlbare Methode ist, um Menschen zu einer angenehmen anstatt eher unangenehmen Zeit im Hundepark zu verhelfen.

Egal, ob wir von zwei oder vier Beinen sprechen: Es ist unausweichlich, dass man früher oder später auf Individuen trifft, denen es bis zu einem gewissen Maß an sozialen Fähigkeiten fehlt. Es hilft unseren Hunden aber nicht, wenn wir herumstehen und uns bei unseren Freunden darüber beklagen. Genauso wenig können wir sozial unfähigen Hunden nicht helfen, wenn wir höfliches von unhöflichem Spiel nicht unterscheiden können. Unsere Aufgabe ist es, zu tun was wir können, um es zu einer fröhlichen, aber freundlichen Erfahrung zu machen, wenn unsere Hunde sich zum Spielen treffen. Fräulein Benimm wäre wirklich stolz.

EIN FRIEDLICHER SPAZIERGANG IM PARK

Strategien für entspannte Hundebegegnungen

K ein Problem!«, ruft sie winkend, während ihre Golden Retriever wie zwei fröhliche, cremefarbene Tsunamis auf Ihren Hund zustürmen. »Sie mögen andere Hunde!«, schwärmt sie, während Sie einen trockenen Mund bekommen, Ihr Herz einen Moment aussetzt und dann wieder so heftig zu schlagen beginnt, dass es sich anfühlt, als würde es Ihnen aus dem Brustkorb springen. Es ist egal, ob die sich nähernden Hunde andere Hunde mögen – weil Ihr Hund jedes Mal dann, wenn er etwas mit vier Pfoten sieht, wütend an der Leine zerrt und bellt. *Ihr* Hund ist das Problem. Und da stehen Sie nun, versuchen, verantwortungsvoll zu sein und Ihren Hund angeleint unter Kontrolle zu behalten, während andere um Sie herum ihre Hunde frei laufen lassen und Ihren entspannenden Spaziergang zu einem Albtraum werden lassen.

Ist Ihnen das je passiert? Wenn ja, dann sind Sie damit nicht allein. Zehntausende von Hunden (Hunderttausende? Eine Million? Wer weiß?) sind bei Spaziergängen an der Leine reaktiv und jeder einzelne ihrer Besitzer fürchtet den Moment, in dem irgendein nettes Pärchen ruft »Keine Angst! Tiger mag kleine Hunde wirklich gern!«, während ein Akita wie eine abgefeuerte Missile-Rakete auf ihren Jack Russell Terrier losflitzt.

Vermutlich sollte ich mich über die Tatsache freuen, dass so viele Menschen optimistisch davon ausgehen, alle Hunde müssten sich gegenseitig so sehr mögen, wie ihre Hunde das tun. Schön zu wissen, dass die Welt immer noch voller Menschen ist, die nur vom Besten ausgehen, aber nachdem ich aus dem Mund verantwortungsbewusster Hundebesitzer Hunderte von Horrorgeschichten gehört habe, ist mir klar, dass ein wenig Vorsicht viel bewirken kann. Tatsache ist, dass viele angeleinte Hunde sich nicht gut benehmen, wenn sich ihnen ein anderer Hund nähert – oder in manchen Fällen sogar, wenn sie nur einen anderen Hund sehen. Sie bellen und zerren an der Leine, manchmal in hysterischer Aufregung, manchmal in geradezu mörderisch wirkender Rage. So oder so können sie ihren Menschen das Leben furchtbar schwer machen, die doch nur das Beste wollen, indem sie mit ihren Hunden spazieren gehen. Solange man selbst nicht die Person ist, die unglücklich an der Leine hängt, handelt es sich um ein wirklich faszinierendes Problem – ein perfektes Beispiel dafür, wie ein Verhalten durch eine große Bandbreite an verschiedenen Motivatoren oder Gefühlszuständen verursacht werden kann und letzten Endes nach außen hin trotzdem gleich aussieht.

Wir alle wissen, dass viele Hunde an der Leine übermäßig reaktiv sind, selbst wenn sie unangeleint auf der Hundewiese die Party-Stimmungsmacher schlechthin sind. Warum das so sein könnte ist eine interessante Frage. Ich vermute, dass für die meisten Hunde entweder Angst oder Frustration die treibende Kraft ist – bei defensiven Hunden die Angst, ohne Ausweichmöglichkeit gefangen zu sein oder vielleicht auch die Angst, diesen schrecklichen Leinenruck zu kassieren, den sie so oft bekommen, wenn sie auf andere Hunde zulaufen wollen. Frustration ist ein weiterer häufiger Motivator – Leinen hindern Hunde häufig daran, das zu tun, was sie tun möchten und man kann sich leicht vorstellen, wie frustrierend das sein kann. Mit Sicherheit fällt es den meisten von uns auch nicht schwer, zu verstehen, wie Frustration in Aggression umschlagen kann. (Irgendjemand da, der nicht schon einmal den

Drang verspürt hat, seinen Computer aus dem Fenster werfen zu wollen?) Ich muss gerade an eine Nachrichtenmeldung denken, die ich vor Jahren einmal gehört habe – ein Mann hatte seine Pistole gezogen und auf einen unkooperativen Getränkeautomat geschossen. Jeder, den ich kenne, lacht über diese Geschichte – vermutlich deshalb, weil wir alle nur zu gut wissen, wie Frustration sich schnell in unüberlegten Zorn steigern kann.

Neben Angst und Frustration nehme ich an, dass manche Hunde sich allein über die Aussicht, einen anderen Hund zu treffen, so sehr aufregen, dass sie in eine Art emotionalen Überflutungszustand geraten. Dabei muss ich immer an den Witz »Ich ging zu einem Kampf und ein Hockeyspiel brach aus« denken. In einigen wenigen Fällen habe ich Hunde andere Hunde mit dem offensichtlichen Wunsch anbellen und anspringen sehen, sie lieber früher als später umzubringen, aber das scheint eher selten vorzukommen.

Oberflächlich betrachtet können alle diese inneren Motivationen sich in ähnlichem äußeren Ausdruck darstellen. Gute Trainer und Verhaltensexperten orientieren sich an subtilen visuellen Signalen, um etwas über die innere Motivation eines Hundes zu erfahren – eine Einschätzung, die entscheidend werden kann, wenn Sie erst an den Punkt kommen, an dem Sie Ihren Hund aus größerer Nähe mit anderen Hunden interagieren lassen. Aber jeder reaktive Hund kann unabhängig von seiner Motivation lernen, höflich an einem anderen Hund vorbeizugehen, und zwar dadurch, dass er lernt, auf zwei einfache Signale zu reagieren.

Natürlich müssen Sie sie ebenfalls lernen, falls Sie die Person sind, die den reaktiven Hund spazieren führt. Schließlich sind Sie da draußen zu zweit, und da Sie nun einmal am anderen Ende der Leine festhängen, müssen Sie auch an Ihren eigenen Reaktionen arbeiten. Die meisten meiner Kunden mit Hunde-reaktiven Hunden begegnen dem Anblick eines anderen Hundes mit einem inneren »Oh nein!« und der Ausschüttung von so viel Adrenalin, dass es zum Betreiben eines Kraftwerks reichen würde. Schuldbewusst erzählen sie mir dann, dass sie wüssten, wie sie ihre eigene Spannung auf den Hund übertragen und dass sie beim Anblick anderer Hunde nicht nervös werden sollten. Lassen Sie mich es jetzt und hier in aller Öffentlichkeit sagen: Wenn Sie die Erfahrung gemacht haben, dass andere Hunde Schwierigkeiten bedeuten können, große, böse Schwierigkeiten, dann haben Sie allen Grund der

Welt zur Anspannung, wenn Sie Dodi die Dogge auf sich zurennen sehen. Natürlich stimmt es, dass die Spannung beim Anblick eines anderen Hundes sich schnell die Leine hinab überträgt, aber wie sonst sollte ein Mensch sich denn fühlen? Das ist das Schöne an den beiden Signalen, die ich Ihnen jetzt beschreiben möchte: Sie werden Ihnen ebenso sehr helfen wie Ihrem Hund.

Das erste ist wunderbar einfach, so einfach, dass ich anfangs ein schlechtes Gewissen hatte, es Kunden zu lehren. Ich machte mir Sorgen, dass sie nicht genug Leistung für ihr Geld bekommen könnten, wenn ich ihnen lediglich einen Rat von der Sorte »nehmen Sie zwei Aspirin und rufen Sie mich morgen wieder an« gab. Sie bringen Ihrem Hund einfach bei, Ihnen in dem Moment, in dem er einen anderen Hund erspäht, automatisch ins Gesicht zu schauen – und voilà! Ihr Problem ist gelöst. Indem Sie das Problemverhalten – bellen und an der Leine zerren – durch ein positives Verhalten ersetzt haben – der Hund schaut Sie in Erwartung eines Leckerchens an –, können Sie (und Ihr Hund) von »Oh nein!« zu »Oh klasse!« umschalten, wenn Sie einen anderen Hund sehen.

»Klar,« sagen Sie jetzt vielleicht, und wenn Ihre Stimme vor Sarkasmus nur so tropft, würde ich Ihnen das nicht verübeln. Wenn es leicht wäre, hätten Sie es ja schon längst so gemacht. Es ist nicht leicht – es ist nur einfach, und das sind zwei sehr verschiedene Dinge. Der Prozess an sich kostet viel Zeit und Mühe, ist aber erstaunlich effektiv, wenn Sie erst einmal wissen, wie Sie anfangen müssen. Wichtig dabei sind die Details, weshalb Sie unbedingt darauf achten müssen, was genau passiert, wenn Sie spazieren gehen. Das Allerwichtigste ist, dass Sie agieren anstatt zu reagieren, obwohl dies das Gegenteil dazu ist, wie die meisten von uns Dinge erledigen. Beginnen Sie mit der Arbeit an diesem Thema, wenn Sie *nicht* mit Ihrem Hund unterwegs sind.

Der Schlüssel zum Erfolg ist, wie bei jedem guten Training, dass Sie in einer Umgebung ohne Ablenkungen beginnen. Nur Sie, Ihr Hund und die Leckerchen oder Spielsachen, für die er sterben würde. Bringen Sie ihm bei, Sie anzuschauen, wenn Sie »Schau« oder »Guck mal« sagen (vermeiden Sie es, seinen Namen zu sagen), und zwar anfangs ohne Ablenkungen. Erst nach einigen Wochen beginnen Sie vorsichtig, mäßige Ablenkungen einzubauen wie beispielsweise jemand, der gerade über die Straße geht oder ein Geräusch, das die Aufmerksamkeit Ihres Hundes erregt. Erst wenn Ihr Hund in neunzig Prozent der Fälle richtig reagiert, beginnen Sie »Schau« zu verlangen, wenn er in einiger Entfernung einen Hund sieht (oder einen ihm bekannten Hund, mit dem er sich gut versteht).

Und schon kommt eins dieser wichtigen Details: Achten Sie sehr genau auf die Entfernung zwischen den beiden Hunden und verlangen Sie »Schau« nur in dem Moment, bevor Ihr Hund auf den anderen Hund reagieren könnte. Falls Sie feststellen, dass Sie ein bisschen zu nah an dem anderen Hund sind, um eine erneute Bestärkung dieses dummen alten Bellens und Zerrens vermeiden zu können, drehen Sie sich um und gehen in die andere Richtung. Ein in der Anfangsphase des Trainings häufig gemachter Fehler ist, den eigenen Hund zu nah an den anderen herankommen zu lassen, bevor er dazu bereit ist, auch in einer so aufregenden Situation Leistung zu zeigen. Sie möchten ja, dass Ihr Hund eine neue Gewohnheit entwickelt, nicht, dass er in Situationen kommt, in denen er zum Misserfolg verdammt ist.

Während Sie am »Schau« arbeiten, werden sich die meisten Hunde umdrehen, um Ihnen ins Gesicht zu schauen, ihr Leckerchen abholen und dann wieder den anderen Hund anschauen. Das ist prima, denn in diesem Moment haben sie das Band zurückgespult und sich die Möglichkeit gegeben, gleich ein weiteres »Schau« zu üben. Und noch eins, und noch eins – wiederholen Sie mehrere Male hintereinander, dann drehen Sie sich um und gehen weg, bevor Ihr Hund reaktiv werden kann. Sobald er verlässlicher wird, können Sie auch dann an dem Signal zu arbeiten beginnen, wenn die Entfernung zu dem anderen Hund kürzer ist. Das Ziel ist, jedes einzelne Mal »Schau« zu verlangen, wenn Ihr Hund einen anderen Hund sieht, denn wenn Sie das tun, wird er irgendwann Ihr Signal vorwegnehmen und von selbst in Ihr Gesicht schauen.

Genau das ist der Moment, in dem Sie alle Register ziehen, Ihrem Hund einen aus mindestens fünfzehn Leckerchen bestehenden Jackpot geben (hintereinander gefüttert, nicht gleichzeitig) und so viel Hallo veranstalten, dass er den Eindruck gewinnt, soeben quasi die hündische Entsprechung zum Weltmeistertitel gewonnen zu haben. Genau das ist es, worauf Sie hingearbeitet haben – der Moment, in dem der fremde, sich nähernde Hund zum Signal wird. Dieser »Selbstgucker« bedeutet, dass Ihr Hund auf den Anblick eines anderen Hundes nicht mehr mit Bellen oder Zerren reagiert, sondern damit, dass er Sie anschaut. Lassen Sie Ihren Hund wissen, dass er für diese Reaktion jedes Mal eine ganz besondere Bestärkung bekommt und er wird beginnen, sie immer öfter von sich aus zu zeigen.

Natürlich verläuft eine Lernkurve, wie wir alle wissen, niemals glatt und Sie werden Rückschläge erleben. Was passiert, wenn Sie und Ihr Hund kalt von einem anderen Hund erwischt werden, der ein paar Meter vor Ihnen um die Ecke gebogen kommt? Egal, ob Ihr Hund jetzt bellt und an der Leine zerrt oder nicht – wenn Sie wissen, dass Sie zu nah sind, drehen Sie sich auf dem Absatz um und gehen flott in die andere Richtung weg. Bleiben Sie nicht stehen, diskutieren Sie nicht mit Ihrem Hund und verlangen Sie nichts von ihm, das in dieser Situation zu viel für ihn ist. Gehen Sie einfach. Es hilft, auch dieses Manöver vorher zu üben, denn in dem Moment, wenn Sie es brauchen, wird Ihr Gehirn nicht in Höchstform sein. Überlegen Sie nur mal, wie gut Ihre grauen Zellen funktioniert haben, als Sie komplizierte mathematische Probleme unter dem Zeitdruck einer Prüfungssituation zu lösen versuchten. Weil Adrenalin nicht immer unser Freund ist, üben Sie also »Not-Kehrt-wenden« so, dass sie einfach ohne Nachzudenken funktionieren, wenn Sie sie brauchen.

Und ach ja, was ist mit dem ein paar Häuser weiter lebenden Paar, das immer winkt und grinst, wenn sein Hund auf Ihren Hund zugerast kommt? Es ist ein bisschen viel von Ihrem Hund verlangt, Sie anzuschauen, während irgendeine fremde Nase ihn über und über beschnüffelt und besabbert – deshalb hier eine zweite Strategie: Wenn Sie noch Zeit dafür haben, ist meine Lieblingsstrategie, »Mein Hund hat Räude!« zu rufen oder »Ich denke es wird OK sein, sie hat die Staupe fast hinter sich!« Manchmal können Sie die anderen auch dazu motivieren, ihren Hund zurückzurufen, das heißt natürlich, falls sie das können. Viele Menschen sind nämlich nicht dazu in der Lage, so gut gelaunt sie auch sein mögen, weshalb Sie mehr oder weniger auf sich selbst gestellt sind.

In diesem Fall ist das im vorigen Beitrag erwähnte »Not-Sitz-Bleib« eine gute Taktik. Bringen Sie Ihrem Hund bei, anzuhalten und hinter Ihnen zu bleiben, während Sie den sich annähernden Wuff mit einem schwungvollen »Sitz«-Signal, oder besser noch einer schnell und fest in sein Gesicht geworfenen

Handvoll Leckerchen, ausbremsen. Das funktioniert nicht bei allen Hunden, aber Sie werden überrascht sein, wie oft es wirkt. Wenn Sie das Pech haben, dass irgendwo in Ihrer Nachbarschaft ein wirklich gefährlicher Hund lauert, könnten Sie sogar darüber nachdenken, Citronella- oder Pfefferspray mitzunehmen. Ich sage das aber mit Vorbehalt, denn immer dann, wenn Sie in die Offensive gehen, laufen Sie Gefahr, eine aggressive Verteidigungsreaktion auszulösen. Außerdem kann das Spray, je nach Windrichtung, auch in das Gesicht Ihres eigenen Hundes geweht werden und sollte deshlab nicht leichtfertig eingesetzt werden.

Am wichtigsten ist, einen genauen Vorgehensplan zu haben, damit Sie so gut wie möglich auf alle Eventualitäten vorbereitet sind. Mit einem Hunde-reaktiven Hund nur mit einem Stoßgebet bewaffnet aus dem Haus zu gehen ist wie Glücksspiel – manchmal klappt es, manchmal auch nicht. Wenn Sie hingegen ein paar praktische Werkzeuge unter Ihrem metaphorischen Gürtel (Halsband?) stecken haben, sind Sie für alle Fälle gewappnet. Dann können Sie – holen Sie an dieser Stelle einmal tief Luft – der- oder diejenige sein, der auf Spaziergängen anderen fröhlich lächelnd zuwinkt. Uff!

DIE MACHT DER WORTE

Warum das Lernen von Begriffen wie »positive Strafe« positiv strafend sein kann

Hier ein vertrautes Szenario: Sie unterhalten sich mit einer Frau über ein Problem, das sie mit ihrem Hund hat und sie sagt etwas in der Art von »Meine Freunde meinen alle, ich müsste mal negative Strafe einsetzen und ihn mit dem Knie in den Bauch stoßen, wenn er hochspringt, aber das kommt mir so gemein vor.« Falls Sie Hundetrainer sind, überlegen Sie wahrscheinlich nun, wie um alles in der Welt ein Knie im Bauch als »negative Strafe« betitelt werden kann, aber dann realisieren Sie, dass sie – na klar! – positive Strafe gemeint hat. Falls Sie aber ein Hundefreund sind, der nicht mit B. F. Skinners Forschungsarbeiten zum Lernverhalten und mit der Psychologen-Fachsprache vertraut ist, denken Sie vermutlich jetzt, dass bei mir ein Schräubchen locker sein muss. Was soll an einem Knie im Bauch denn positiv sein?

Die Wahrheit ist, dass viele Menschen die Fachbegriffe, die mit operanter Konditionierung zu tun haben, falsch verwenden. Was auch kein Wunder ist. Die zur Beschreibung der vier Quadranten der operanten Konditionierung verwendeten Begriffe – positive und negative Bestärkung, positive und negative Bestrafung – sind schwierig zu lernen. Es ist wie beim Fahrradfahren: Wenn man es erst einmal raushat, ist es gar nicht mehr schwierig – aber bis dahin muss man über die Phase verschrammter Knie hinweg. Wenn ich anderen Trainern beschreibe, wie schwierig es sein kann, »negative Bestärkung« und »positive Strafe« auseinanderzuhalten, reagieren diese meistens mit erleichtertem Lachen.

Also. Dann sage ich es jetzt. Der Kaiser hat gar keine Kleider an, und es ist eine verdammte Quälerei, mit den Begriffen zur operanten Konditionierung klarzukommen. Mit Entschuldigung an Onkel Skinner möchte ich Ihnen hier ein paar Tipps dafür geben, wie Sie besser damit zurechtkommen.

Das Problem sind nicht die Begriffe »Bestärkung« oder »Strafe«. Es ist nachvollziehbar, dass »Bestärkung« etwas bezeichnet, das die Häufigkeit eines Verhaltens steigert und »Strafe« etwas ist, das sie verringert. Es ist nicht schwierig, großzügig zur rechten Zeit verteilte Stückchen Bio-Hähnchenfleisch als Bestärkung zu titulieren. Und es ist verständlich, dass es eine »Strafe« ist, wenn ein Hund für das Anknurren eines Fremden per Leinenruck an einem Würgehalsband korrigiert wird und er in Zukunft den Postboten (zum Beispiel) weniger häufig anknurren wird. (Natürlich wird das aber seine Angst vor fremden Menschen kein bisschen verringern und es wahrscheinlicher machen, dass er beißt, aber das ist Thema für eine eigene Betrachtung.)

Erst wenn »positiv« und »negativ« ins Spiel kommen, beginnt das Gehirn zu qualmen. Was ist logisch daran, einen Leinenruck (oder genauso gut Schlagen) als positiv in »positive Strafe« zu bezeichnen? In diesem Fall bedeutet »positiv«, dass etwas *hinzugefügt* wird, um die Häufigkeit einer Reaktion entweder zu erhöhen oder zu senken, und »negativ« bedeutet, dass etwas *weggenommen* wird. Aber wer denkt schon so? Denkt man nicht automatisch »gut«, wenn man »positiv« hört? Das Wörterbuch definiert »positiv« als »vertrauensvoll, optimistisch und auf gute Dinge fokussiert« oder als »gute Ergebnisse hervorbringend«. Kein Wunder, dass es so schwierig ist, diese Begriffe so zu beherrschen, wie sie in der Lernpsychologie verwendet werden.

Ironischerweise ist es die Psychologie selbst, die erklärt, warum es uns so schwer fällt, die Verbindung zwischen »positiver Strafe« und dem, was das wirklich bedeutet, herzustellen. Wenn man Pavlov an der Festlegung der Begriffe für operante Konditionierung beteiligt hätte, hätte er uns darauf aufmerksam gemacht, dass wir alle klassisch darauf konditioniert sind, »gut« zu denken, wenn wir »positiv« hören und »schlecht« zu denken, wenn wir »negativ« hören. Natürlich ist positive Strafe nicht immer etwas Schlechtes im Sinne von etwas, das Schmerzen oder Angst zufügt. So ist Kopftätscheln ein prima Beispiel für positive Strafe bei einem Hund, der sich aus einer schwierigen Situation heraus von seinem Besitzer abrufen ließ. Man fügt dem System also etwas hinzu – Tätscheln oben auf den Kopf –, und weil die meisten Hunde das nicht mögen, werden sie beim nächsten Mal mit geringerer Wahrscheinlichkeit kommen, wenn sie gerufen werden. Und trotzdem fällt es uns schwer, das Wort »positiv« mit etwas in Verbindung zu bringen, was der Hund nicht mag.

Vielleicht sollten wir ein neues Lexikon herausbringen, das Menschen dabei hilft, die vier Typen operanter Konditionierung zu verstehen. Ich befürworte nicht etwa, die Standardbegriffe durch etwas komplett Anderes zu ersetzen. Dazu ist es zu spät, und Tatsache ist außerdem nun einmal: Wer Bestärkung und Strafe ernsthaft verstehen und anwenden möchte, muss sich auch ernsthaft mit der Terminologie auseinandersetzen. Trotzdem – warum sollte man diesen Menschen nicht dabei helfen? Alles andere kommt mir wie eine etwas intellektuellere Version von »Ätschebätsch – ich weiß etwas, das du nicht weißt!« vor.

Hier meine Vorschläge für einen neue Garnitur an Begriffen, mit denen man operante Konditionierung kategorisieren könnte.

Anstatt *positiver Bestärkung* – wie wäre es mit »Hinzufügen/Erhöhen«? Das würde klarmachen, dass man etwas hinzufügt, um die Häufigkeit eines Verhaltens zu erhöhen. (Alternativ: Juchhu!)

Für *negative Bestärkung* könnten wir sagen: »Wegnehmen/Erhöhen«, um uns selbst daran zu erinnern, dass in diesem Fall etwas fortgenommen wird, um die Häufigkeit eines Verhaltens zu erhöhen. (Oder wir nehmen meinen persönlichen Favoriten: »Geh aus dem Regen raus, du Idiot!«)

Entsprechend könnte *positive Strafe* »Hinzufügen/Verringern« genannt werden, weil etwas hinzugefügt wird, um die Häufigkeit eines Verhaltens zu senken (auch bekannt als »Es wird dir leid tun«).

Und zu guter Letzt könnten wir anstelle *negativer Strafe* auch »Wegnehmen/ Verringern« sagen, weil wir etwas wegnehmen, um die Häufigkeit eines Verhaltens zu verringern (oder: »Zu schade! Ich werde den Käse essen und nicht du, weil du dich nicht hingesetzt hast, als ich es dir gesagt habe!).

Das sind nur Vorschläge – vielleicht kommen Sie mit Ihren eigenen Begriffen besser zurecht. Aber so oder so – machen Sie sich nichts daraus, wenn es Ihnen schwer fällt, die ursprünglichen Begriffe zu lernen. So strafend es auch sein mag, ich bin positiv darin, dass die negativen Seiten des Lernens neuer Begriffe letztes Endes doch bestärkend sein werden.

HEUTE NICHT, ICH HABE PFOTENSCHMERZEN

Ihr plötzlich unleidlicher Welpe könnte unter unbemerkten Schmerzen leiden

In diesem Beitrag soll es um Schmerzen als eine Ursache von Verhaltensproblemen gehen. Eigentlich scheint es offensichtlich klar zu sein, dass Schmerzen und die Angst vor Schmerzen bei Hunden die gleichen problematischen Reaktionen hervorrufen, wie sie das bei Menschen tun. Die Idee, dass Schmerzen eine Vorstufe zu unerwünschtem Verhalten bei Hunden sein können – Knurren oder Schnappen zum Beispiel – basiert auf handfesten biologischen Prinzipien. (Ich spreche hier von Hunden, aber bestimmt haben Sie auch schon das ein oder andere Mal »geknurrt«, als Sie sich nicht gut fühlten.) Warum aber nur sind dann Schmerzen oft das Letzte, an das Menschen denken, wenn sie einen Border Collie knurren hören oder einen Cocker Spaniel schnappen sehen?

Dabei ist es nicht so, dass Menschen körperliche Probleme nicht als Erklärung für das Verhalten ihres Hundes annehmen würden. Wenn ich einen Dollar für jede Person bekäme, die einen Gehirntumor als Ursache für das aggressive Verhalten ihres Hundes vermutet, wäre ich eine reiche Frau. Und es ist nicht etwa so, dass gebildete Besitzer physiologische Dysfunktionen wie zum Beispiel eine fehlerhaft arbeitende Schilddrüse nicht als Grund für eine eingehende tierärztliche Untersuchung sehen könnten. Aber Schmerzen? Einfache gute alte Schmerzen von der Sorte »Autsch, mein Nacken tut weh«? Nicht unbedingt.

Lassen Sie mich Ihnen ein Beispiel aus einem meiner eigenen Praxisfälle geben. Vor ein paar Jahren brachte eine Kundin, die ich hier einmal Mary nennen möchte, ihren Hund zur Einschätzung vorbei. Cody war ein brauner, zotteliger Mix aus irgendetwas und war in den letzten paar Monaten Menschen gegenüber zunehmend unzuverlässiger geworden. Zuerst hatte er einen Besucher nur angeknurrt, aber mit der Zeit war es bis zum Beißen eskaliert. An diesem Morgen hatte er sogar Mary gebissen, als sie die Hand nach ihm ausstreckte, um die Leine an seinem Halsband zu befestigen. Sie zeigte mir ihren Arm, damit ich mir ein Bild von dem verursachten Schaden machen konnte. Ich sah dunkelrote Streifen auf dem Unterarm, wo seine Zähne die Haut aufgekratzt hatten und blauviolette Blutergüsse darunter anschwollen.

»Das Schlimme ist nicht, dass er meinen Arm so verletzt hat, viel schlimmer ist, dass er immer so freundlich war. Ich konnte alles mit ihm machen, genau wie meine Neffen oder der Tierarzt. Ich glaube, ich habe ihn noch nie im Leben knurren gehört, bis er vor ein paar Monaten damit anfing. Und jetzt kann ich ihm überhaupt nicht mehr vertrauen.« Sie machte eine Pause und zog das Gesicht in Falten. »Ich weiß nicht, was ich machen soll.« Einen Moment lang waren Marys leises Weinen und Codys leichtes Hecheln die einzigen Geräusche in meinem Büro. Nachdem ich Mary eine ganze Reihe von Fragen gestellt hatte, begann ich mit Cody zu arbeiten. Es dauerte nicht lange, bis sich ein Muster abzuzeichnen begann. Wenn ich meine Hände bei mir behielt, war Cody glücklich und entspannt. Wenn ich in Richtung seines Nackens griff, verspannte er sich und begann zu knurren. Das ist eine typische Reaktion für einen neophoben Hund, der Angst vor Fremden hat, aber Cody war bis vor ein paar Monaten noch ein äußerst geselliger Typ gewesen und hatte, so weit Mary wusste, auch keine schlechten Erfahrungen mit einem

Fremden gemacht. Ich frage Mary, ob sie mit Cody schon beim Tierarzt gewesen wäre. »Nein«, sagte sie. »Ihm geht's prima, Sie sollten mal sehen, wie er draußen im Wald Ball spielt. Es kann nicht sein, dass er Schmerzen hat – er rennt wie ein Wilder im Hof herum!«

Damals fiel es mir nicht ein, aber ich hätte sie fragen können: »Und was glauben Sie, wie es mir geht?« Den ganzen Nachmittag lang war ich fröhlich, liebenswert und voller Energie gewesen. Am Morgen hatte ich schwappend volle Wassereimer und Heuballen für die Schafe geschleppt und war mit meinen Hunden im Hof herumgelaufen. Ich gab geradezu ein Bild einer gesunden Person ab. Es gab nur ein Problem – mein Nacken brachte mich um, und dieser Schmerz war so ermüdend, dass ich am liebsten nach den Hunden geschnappt hätte (natürlich nicht wörtlich). Aber außer wenn Sie gewusst hätten, dass ich mich nicht wohl fühlte, hätten Sie keine Erklärung für meine leichte Ungeduld gehabt. Schmerzen sind etwas Komisches. Sie betreffen uns auf verschiedene Weise und zu verschiedenen Zeiten. Sie können sich an einem Abend noch wohl und am nächsten miserabel fühlen. Sie können einer Person gegenüber sanft und geduldig sein und bei der nächsten einen Wutanfall bekommen.

Am Ende unserer Sitzung riet ich Mary, doch einmal mit dem Tierarzt zu sprechen, und zu ihrem Glück brachte sie Cody schon kurze Zeit später in die Praxis. Eine Woche später rief sie mich an. »Ich kann es nicht glauben! Cody knurrt und schnappt nicht mehr! Der Tierarzt hat herausgefunden, dass er sich am Hals verletzt und starke Schmerzen hatte. Er wurde vom Physiotherapeuten behandelt, bekommt Medikamente und es geht ihm wunderbar!«

Diese schöne, glückliche Geschichte klingt fast zu gut, um wahr zu sein. Sie ist wahr, aber man sollte auch festhalten, dass die Dinge selten so glatt laufen. Nur zu gerne würde ich Ihnen berichten, wie all meine Kunden feststellten, dass ihre Hunde nur deshalb unleidlich waren, weil sie gedehnte Bänder oder gezerrte Muskeln hatten. Tut mir leid, so ist es nicht. Tatsache ist, dass die meisten Verhaltensprobleme nicht medizinischer Natur sind. Hunde, die fremde Menschen aus Angst anknurren, sind in der Mehrzahl nicht krank, sondern einfach ängstlich. Genau wie Hunde, die ihre Futternäpfe bewachen und nach ihren Besitzern schnappen nicht krank sind – sie verteidigen schlicht und einfach ihre Futternäpfe. Wenn aber ein Hund wie Cody, der sich

Ewigkeiten lang musterhaft benommen hat, plötzlich ein neues und beunruhigendes Verhalten zu zeigen beginnt, ist es an der Zeit, mit dem Tierarzt zu sprechen. Ich schreibe diese Zeilen nicht nur für Hundebesitzer. Sie sind ebenso sehr an Tierärzte gerichtet. Ich sage das mit allem gebührenden Respekt gegenüber einem Berufsstand, der das Leben einer Unmenge von Hunden verlängert und verbessert hat. Trotzdem kann ich Ihnen nicht sagen, wie viele Hunde ich in den letzten zwanzig Jahren gesehen habe, die von ihren Tierärzten als »gesund« freigegeben wurden und von denen sich doch später herausstellte, dass sie Schmerzen hatten. Dabei möchte ich an dieser Stelle ganz deutlich klarstellen: Ich bin keine Tierärztin und kann und werde keine medizinischen Probleme diagnostizieren. Ich bin geprüfte Tierverhaltenstherapeutin, die einige ihrer Kunden zum Tierarzt oder Tierphysiotherapeuten zurückschickt – mit der Bitte, doch noch einmal nachsehen zu lassen, ob der Hund nicht vielleicht doch Schmerzen haben könnte.

Man kann die Medizinberufe nicht für die Schwierigkeiten im Umgang mit diesem Thema verantwortlich machen. Schmerzen zu diagnostizieren ist sehr schwierig, denn sie zeigen sich nicht auf Röntgenbildern, Computertomografien oder Magnetresonanztomografien. Es gibt auch keinen positiven Bluttest auf »Schmerzen«. Schmerzen sind eine ganz und gar subjektive Erfahrung. Sie können kommen und gehen, und viele von uns sind nicht immer ehrlich, was Schmerzen betrifft – erst recht nicht unsere Hunde. Ich erinnere mich, wie meine Mutter sich bei ihren Töchtern in ihren letzten Jahren lautstark über ihre ständigen starken Schmerzen beklagte – außer, wenn sie einen Termin bei ihrem Arzt hatte: Dann lächelte und lachte sie und berichtete, dass es ihr »bestens ginge!« Ich vermute, dass genau das auch nur zu oft auf Untersuchungstischen in der Tierarztpraxis passiert – unsere Hunde wedeln und grinsen, bis sie wieder nach Hause kommen und sich mürrisch unter den Wohnzimmertisch verziehen. Meiner Erfahrung nach sind Schmerzen zwar kein besonders häufiger Grund für Knurren oder Schnappen, aber man sollte sie als mögliche Ursache in Betracht ziehen. Denken Sie also daran, bevor Sie über Hirntumore zu spekulieren beginnen oder Ihrem Hund und seinem schlechten Wesen komplizierte Motivationen unterschieben.[6] Ich würde ja gerne mehr darüber schreiben, aber ich habe Kopfschmerzen.

---

[6] Geben Sie Ihrem Hund bitte *niemals* irgendwelche Schmerzmittel ohne Anweisung Ihres Tierarztes. Einige der üblichen für Menschen gedachten Schmerzmedikamente können für Hunde schädlich oder sogar tödlich sein.

Bitte morgens zweimal kichern

Warum abwechslungsreiche Aktivitäten Ihnen und Ihrem Hund nutzen

Wenn Sie Ihren Hund lieben, haben Sie der genügsamen Ratte viel zu verdanken. Ja genau, der Ratte als Nagetier. Sie stand nicht nur jahrzehntelang in Versuchen zum Lernverhalten in vorderster Front, sondern weiße Ratten haben uns auch gelehrt, wie wichtig eine an Abwechslung und Reizen reiche Umgebung für das Leben eines gesunden, normalen Hundes ist.

Wissenschaftler haben herausgefunden, dass die Gehirne von Ratten, die in steriler Umgebung großgezogen wurden, sich anders entwickelten als die von Ratten, die in abwechslungsreicheren Umgebungen groß wurden. Offensichtlich führt der Mangel an Umweltreizen zu einem Mangel an Verbindungen (sogenannten dendritischen Ästen) zwischen den Gehirnzellen. Schnell stell-ten die Forscher fest, dass dieses Phänomen nicht nur die Individuen vieler verschiedener Spezies betraf, sondern dass die frühe Reizarmut auch tiefgrei-fende und oft nicht umkehrbare Auswirkungen auf das Verhalten im Erwach-senenalter hatte.

Und was hat das mit dem zu Ihren Füßen sitzenden Junghund zu tun, mit dem Sie gerade aus der Flyball-Stunde zurückkommen, der jeden Abend Bio-fleisch von freilaufenden Hühnchen bekommt und ein Arsenal an interaktiven Spielsachen besitzt, das der Ausstattung eines Kindergartens Konkurrenz machen könnte? Viel, denn zu wissen, wie viel Stimulation ein Tier wirklich braucht, ist wichtig für diejenigen von uns, die mit ihren Hunden alles richtig machen wollen, sich aber nicht leisten können, in Frührente zu gehen und den ganzen Tag zu Diensten ihres Hundes zu sein.

Es ist immer gut, die Sache von vorn aufzurollen, und in dieser Hinsicht ist die Lage klar. Welpen, die in steriler, immer gleichbleibender Umgebung auf-wachsen, können als Erwachsene mit höherer Wahrscheinlichkeit schlecht mit allen möglichen Arten von Veränderung umgehen. Ironischerweise bedeutet das, dass viele der auf Besucher besonders beeindruckend wirken-den Zuchtstätten die schlechtestmögliche Umgebung für einen heranwach-senden Welpen sind. Wenn ich mit meinen Kunden darüber spreche, wo sie ihren Welpen herhaben, fällt mir immer wieder auf, wie viele von ihnen die besondere Sauberkeit des Zwingers beim Züchter hervorheben. »Kam der Welpe auch nach draußen ins Gras, ins Haus oder auf die geschotterte Auffahrt?« frage ich. Oft wissen die Besitzer darauf keine Antwort, können aber sagen, dass der Zwingerboden absolut makellos rein aussah.

Amerikaner sind von sauberem Äußeren geradezu zwanghaft besessen (fra-gen Sie nur mal einen Europäer). Sie verbieten Hunde in Restaurants, Bussen oder Geschäften, obwohl die meisten ein oder mehrere Hunde zuhause in der Küche haben. Die Motivation dafür war nicht etwa die Angst vor Hunde-bissen, sondern der Glaube, dass Hunde schmutzig seien und »Keime« ver-breiten könnten. Als sie erst herausgefunden hatten, dass »Keime« überall lauern und dass manche von ihnen mit bestimmten Krankheiten zu tun haben, starteten sie einen entschlossenen Feldzug zu deren Totalausrottung. Die im Englischen häufig zitierte Redewendung »Sauberkeit kommt gleich nach

Gottseligkeit« bringt es ganz gut auf den Punkt. Die Amerikaner waren plötzlich so sehr auf Sauberkeit fixiert, dass ein früher und sehr einflussreicher Verhaltensforscher namens John Watson Müttern tatsächlich empfahl, niemals ihre Kinder zu küssen. Küsse, so dozierte er, verbreiteten Keime und seien deshalb um jeden Preis zu vermeiden. (Ganz zu schweigen von der Tatsache, dass sie möglicherweise problematisches Verhalten bestärken – ein doppelter Tiefschlag, der nach seinen Worten zur »Invalidität« eines Kindes führen könnte.)

Und so lernten Amerikaner, dass Welpen aus einer sauberen Umgebung stammen sollten, weil saubere Umgebungen eine höhere Chance auf einen gesunden, von einem verantwortungsvollen Züchter aufgezogenen Welpen versprachen. Und es besteht ja auch kein Zweifel daran, dass eine saubere Umgebung für die Gesundheit eines Welpen wichtig ist. Aber das Extrem von »sauber« ist »steril«, und Sterilität ist nur dann von Vorteil, wenn man eine Operation durchführt. Sterile Umgebungen bieten so wenige Sinnesreize, dass sie die in Entwicklung befindlichen Gehirne sprichwörtlich deformieren. Die von unserer armen, lange leidenden Laborratte gelernte Lektion ist also, dass wir Sauberkeit und abwechslungsreiche Umgebung sorgfältig gegeneinander abwägen müssen, wenn wir einen Welpen aussuchen oder großziehen.

Als ich noch Border Collies züchtete, lernten meine Welpen bis zum Alter von vier Wochen schon Handtücher, Teppiche, Stroh, Gras, Kies- und Holzböden als verschiedene Untergründe kennen. Ich hielt den Welpenauslauf so sauber wie möglich, machte mir aber um Abwechslung ebenso viele Gedanken wie um Sauberkeit. Mit fünf Wochen gingen die Welpen auf tapsige Abenteuerreisen den steinigen Hügelpfad hinauf, über die Schafswiese und in den Wald hinab. Zugegebenermaßen brauchten wir eine halbe Stunde für das, was normalerweise ein Zehn-Minuten-Spaziergang war, aber ich genoss während dieser Zeit pure Verzückung und die Welpen entwickelten wichtige Nervenverbindungen, die ihnen als Erwachsenen helfen würden, sowohl mit kleineren als auch mit größeren Stressbelastungen zurechtzukommen.

Sterilität betrifft nicht nur Welpen aus den berüchtigten »Welpenfabriken«, die in hängenden Drahtkäfigen groß werden. Ich habe viel zu viele Hunde von »namhaften Züchtern« kennengelernt, deren Hunde sieben Tage die Woche vierundzwanzig Stunden am Tag in Zwingern leben und wo die Welpen gutes, gesundes Futter und strahlend saubere Zwinger genießen – aber sonst nicht viel. Verstehen Sie mich nicht falsch – ich habe kein Problem mit der Zwingerhaltung, solange die Hunde oft herauskommen und die Gelegenheit haben, zu lernen, sich zu sozialisieren und die Welt zu entdecken. Genauso wenig befürworte ich, dass Sie einen Welpen aus irgendeiner zweifelhaften Hinterhof-Atmosphäre erwerben. Ich sage nur, dass wir Züchter und Welpenkäufer besser darüber aufklären müssen, wie wichtig eine abwechslungsreiche Umgebung während der Entwicklungsphase der Welpen ist. (Bedenken Sie, dass man auch dies zu weit treiben und einem Welpen durch zu starke Reizüberflutung schaden kann. Welpen brauchen genau wie kleine Kinder sehr, sehr viel ruhige Schläfchenzeit. Ein kleines bisschen Abenteuer ist für einen sechs Wochen alten Welpen schon sehr viel.)

Und was ist mit ausgewachsenen Hunden? Wenn Sie einen erwachsenen Hund haben (oder – wie viele von uns – gleich ein ganzes Rudel davon), wie viele »Umweltreize« sollten Sie ihm oder ihnen dann bieten? Das ist natürlich eine verzwickte Frage, denn die Antwort ist von der Rasse, dem Alter und der Persönlichkeit Ihres Hundes abhängig. Ein einjähriger Border Collie braucht etwa hundert Mal mehr Reize als ein sechs Jahre alter, von der Rennbahn ausgemusterter Greyhound. Oder eher fünfhundert Mal mehr? Lassen Sie es uns einfach dabei bewenden, dass ausgewachsene Individuen von Arbeitshunderassen so viel körperliche Bewegung benötigen, wie Sie ihnen nur irgendwie beschaffen können.

Körperliche Bewegung ist aber nur eine Komponente der Stimulation, die ein Hund täglich braucht. Dass ein Hund zumindest einen Teil des Tages körperlich aktiv sein muss, scheint jeder zu wissen, auch wenn viel zu viele Menschen unter »Aktivsein« leider einen kurzen Leinenspaziergang rund um den Block verstehen (schnaub). Auch Gehirne brauchen »Bewegung«, und genau hierin könnten viele von uns ihren Hunden Besseres bieten. Hunde sind dazu geboren, Probleme zu lösen und Entscheidungen zu treffen: Sollen wir hier oder da drüben jagen gehen? Sollen wir jetzt auf die Herde zurennen oder warten, bis sie noch ein bisschen näher gekommen ist? Wird meine Tante mich ein Stückchen von dem Elch abbeißen lassen, den wir gerade erlegt haben, oder soll ich besser noch warten?

Nichts stimuliert das Gehirn so sehr wie das Lernen von etwas Neuem – wenn

Sie sich also um die Lebensqualität Ihres Hundes Gedanken machen, fragen Sie sich, welche neue Information Ihr Hund in letzter Zeit verarbeiten musste. Wenn Sie mehrere Hunde haben, versuchen Sie, ihnen allen einen neuen Trick beizubringen (und haben Sie Spaß daran zu vergleichen, wie jeder von ihnen anders und in anderem Tempo lernt). Das Schöne an Tricks ist, dass man sie bei jedem Wetter üben kann, was in manchen Gegenden kein unerheblicher Vorteil ist, und dass man sich immer neue ausdenken kann. Man braucht dafür nicht viel Zeit und erreicht mit wenig Aufwand trotzdem viel. Ich selbst habe den Wert von Tricktraining in einem wirklich brutalen Winter schätzen gelernt, als wir hier in Wisconsin viele endlose Tage lang Frost von minus vierzig Grad Celsius hatten. Das ist selbst für mich und die Border Collies ein bisschen viel. In dem verzweifelten Versuch, meine Arbeitshunde beschäftigt zu halten, ersetzte ich die langen Spaziergänge durch Tricktraining. Zu meiner größten Überraschung schienen sie nach zwanzig Minuten entspannter zu sein und schliefen anschließend länger als sonst nach einem doppelt so langen Spaziergang.

Das ist erklärlich, wenn man einmal näher darüber nachdenkt. Wir werden müde, wenn unsere Gehirne neue Dinge lernen, und das aus gutem Grund. Wenn Sie lernen, gebrauchen Sie dabei den Frontalkortex des Gehirns, einen echten Spritschlucker, gegen den dicke Geländewagen in Sachen Energieverbrauch kleine Nummern sind. Sobald Sie ein Verhalten aber gelernt haben, verlagert die mentale Maschine, die die Kraft dafür liefert, es vom Frontalkortex in andere Gehirnbereiche, die weniger Energie verbrauchen. Ein ziemlich cleveres System und eine gute Erinnerung daran, warum das Lernen von etwas Neuem einen Hund entweder überfordern kann (wenn es zu viel ist) oder aber seine Lebensqualität steigern kann.

Aber nicht nur das Neue allein ist wichtig. Wenn man etwas sehr gerne tut, muss es nicht neu sein, um einem Spaß zu machen. Ich wundere mich immer wieder über die Hundebesitzer in Agilitykursen, die meinen, ihr Hund würde sich in der nächsten Stunde bestimmt langweilen, weil er ja nichts Neues lernen würde. Meistens sagt das jemand, dessen Hund ganz verrückt nach Agility ist und es kaum abwarten kann, endlich auf den Parcours zu kommen. Der in manchen Hundeschulen herrschende Zwang, jede Woche unbedingt etwas Neues präsentieren zu müssen, wozu sich die Trainer ja auch von den Teilnehmern häufig aufgefordert fühlen, ist bei näherem Nachdenken überhaupt nicht sinnvoll. Wenn Sie gerne Tennis oder Golf spielen oder gerne lange Spaziergänge mit Ihrem Hund unternehmen, hängt das Vergnügen, das Sie dabei empfinden, nicht davon ab, ob Sie jedes Mal etwas Neues lernen. Entscheidend ist nur, ob Sie es gerne tun oder nicht. Wir alle könnten ein bisschen mehr Spaß in unserem Leben gebrauchen – genau wie unsere Hunde. Auch Hunde haben gerne Spaß und es ist Sache des verantwortungsvollen Besitzers, ihnen diesen zu bieten. Wie dieser Spaß aussieht, hängt natürlich von Ihrem Hund ab – es könnte Mäusejagen sein, Ballspielen oder das Flitzen über einen Agilityparcours. Auf jeden Fall aber ist unbeschwertes Spiel gute Seelennahrung für jeden von uns. Wenn Sie sich fragen, was die Augen Ihres Hundes wirklich zum Leuchten bringt, überlegen Sie einfach, mit welchen Aktionen Ihr Hund Sie zum Kichern bringt. Es gibt nichts Ansteckenderes als einen Hund, der gerade richtig tollen, ungehemmten Spaß hat, und wenn Sie zu lachen beginnen müssen, stehen die Chancen gut, dass auch Ihr Hund gerade innerlich lacht.

Die Frage bleibt: Wie viel von alledem brauchen Hunde wirklich? Müssen wir uns schuldig fühlen, wenn unser Hund nicht täglich zwei Stunden lang unangeleint spazieren geht, eine Stunde lang Tricktraining macht, lange mit all diesen tollen neuen interaktiven Spielsachen spielt, nachmittags ein gemütliches Schläfchen auf einem orthopädischen Spezial-Hundebett hält und abends zum Flyball-Kurs geht? Sie können das gerne tun – ich nicht. Klar wäre das für viele Hunde und auch viele Besitzer ein wunderschöner Tag, aber die meisten von uns bekommen das so schlicht und einfach nicht hin. Manchmal habe ich den Eindruck, dass die Welt der Hundefreunde sich in zwei Gruppen spaltet: Diejenigen, die meinen, ein gutes Fressen am Abend, ein jährlicher Tierarztbesuch und ein Spaziergang um den Block seien ein gutes Leben für einen Hund, und die anderen, die nie genug für ihre Hunde tun können und ihre gesamte Freizeit der Gesundheit und Unterhaltung ihres Hundes widmen.

Auch hier ist Ausgewogenheit wieder das Zauberwort – ein Leben, das ein gewisses Maß an Routine enthält, die durch etwas Überraschung und Abenteuer ausgeglichen wird und ein gewisses Maß an Ruhe, die durch körperliche und geistige Auslastung ausgeglichen wird ergänzt durch eine tägliche Dosis reinen Spaßes. Ich kann Ihnen gar nicht sagen, wie viel davon Ihr Hund braucht. (Tut mir leid! Genau das ist die Frage, die ich jetzt stellen würde!)

Die Antwort darauf hängt zu sehr von Ihrem Hund als Individuum ab, als dass man ein Allgemeinrezept von Wert erstellen könnte. Sie hängt aber auch von Ihrer Fähigkeit ab, Ihrem Hund all das bieten zu können. Wenn Sie also nicht gerade ein reines Luxusleben führen, brauchen Sie sich wirklich nicht schuldig zu fühlen, wenn Sie nicht all das für Ihren Hund tun können, was Sie gerne tun möchten. Denken Sie einfach daran, dass unsere Freunde ihre Körper und Gehirne täglich beschäftigen müssen, und sei es auch nur für jeweils kurze Zeit. Und genau wie wir sind sie am glücklichsten, wenn Sie ihnen dabei helfen können, diese schöne Balance von ruhiger Zufriedenheit und fröhlichem Überschwang zu finden. Fragen Sie sich also, ob Ihr Hund geistige und körperliche Beschäftigung bekommt, den Reiz erfährt, neue Dinge zu lernen und obendrein eine solide Dosis ungetrübten Spaßes abbekommt. Falls ja, schön für Sie. Falls nein, lassen Sie sich nicht von Schuldgefühlen zerfressen, sondern versuchen Sie herauszufinden, was Sie realistisch tun können, um die Lage zu verbessern. In der Zwischenzeit tun Sie mir bitte den Gefallen und gehen Sie mit Ihrem Hund zusammen mal so richtig schön kichern. (Fügen Sie an dieser Stelle Madonna ein, wie sie singt: »Dogs just wanna have fu-un!«)

Genetik, Ethologie und Verhalten

CANIS COUSINS?

Die Bande der Abstammung entwirrt

H unde sind keine Wölfe, schlicht und einfach. Außer, ähm, sie sind es doch. Gewissermaßen. Manchmal.

Bevor Sie denken, dass ich meinen Verstand verloren habe, würde ich gerne erklären, warum die Behauptungen »Hunde sind Wölfe« und »Hunde sind keine Wölfe« gleichermaßen korrekt sind. Ich schreibe über dieses Thema, weil es ein sehr verwirrendes ist, und wenn wir unsere Hunde wirklich verstehen möchten, ist es wichtig, sich hierüber Klarheit zu verschaffen.

Ich sage deshalb, dass es ein verwirrendes Thema ist, weil selbst Gelegenheitsleser auf Autoren stoßen können, die entschieden für die eine oder andere Seite argumentieren. In unzähligen Artikeln und Büchern wird behauptet, dass der Weg zum Verstehen des Hundeverhaltens über das Wolfsverhalten führe. In ihrem Buch *Leader of the Pack* (dt.: *Rudelführer*) sagen die Autoren Baer und Kuno zum Beispiel: »... Hunde verhalten sich weiterhin instinktiv loyal gegenüber einem autoritären Anführer, weil sie die identische Psyche haben wie ihr Cousin, der Wolf.« Am vielsagendsten ist vielleicht die Tatsache, dass Roger Abrantes' Buch *Dog Language* vorrangig mit Zeichnungen von Wölfen illustriert ist.

Aber in neueren Veröffentlichungen ist auch der genau entgegengesetzte Standpunkt zu finden. In Ihrem Buch *Dogs* (dt.: *Hunde*) argumentieren Laura und Raymond Coppinger: »Aber Hunde können nicht wie Wölfe denken, weil sie keine Wolfsgehirne haben.« Was geht hier vor? Roger Abrantes und Raymond Coppinger haben nicht nur beide einen Doktortitel in relevanten Fachgebieten, sie haben auch beide ihr Leben lang mit Hunden zu tun gehabt. Mit Sicherheit werden beide wissen, wovon sie sprechen. Das tun sie auch. Es hängt einfach nur davon ab, welches Verhalten man sich anschaut. Natürlich sind Hunde in vielerlei Hinsicht wie Wölfe – wie könnte es auch anders sein? Wölfe sind die engsten genetischen Verwandten und unmittelbaren Vorfahren der Hunde und wir wissen, dass Verhalten zu einem großen Teil erblich ist. Es hat aber auch seinen Grund, dass Wölfe in Hundeschulen nicht zugelassen sind. Einen Wolf genauso behandeln zu wollen wie einen Hund wäre bestenfalls eine idiotische Idee. Wenn man Hundeverhalten wirklich tiefgreifender verstehen möchte, ist wichtig zu wissen, wann »Hunde Wölfe sind« und wann nicht.

Hunde und Wölfe teilen eine bemerkenswerte Menge an Verhaltensmerkmalen miteinander, wovon die offensichtlichsten ihre visuellen Signale sind. Es hat seinen guten Grund, dass Roger Abrantes die visuellen Signale von Wölfen verwendet hat, um soziale Kommunikation bei Hunden zu veranschaulichen – ihre Signale sind praktisch identisch. Sie verwenden die gleichen Körperhaltungen und Ausdrücke, um Status zu signalisieren, um andere zu beschwichtigen oder um Angst, Aufregung und Verspieltheit auszudrücken – um nur ein paar zu nennen.

Das ist nur ein Gesichtspunkt, unter dem Hunde Replikate von Wölfen sind. Eric Zimen, eine der weltweit führenden Autoritäten zum Wolfsverhalten, fand in einer Studie heraus, dass Hunde und Wölfe exakt das gleiche gegenseitige Fellpflegeverhalten, das gleiche Werbungsverhalten, die gleiche Art, Welpen zu werfen, das gleiche Pflegeverhalten gegenüber den Welpen und das gleiche infantile Verhalten zeigen.

All das ist absolut erklärlich, wenn man bedenkt, dass Hunde und Wölfe mehr sind als nur sich mögende Cousins. Nachdem sie immer schon als sehr enge Verwandte betrachtet wurden, hat man sie kürzlich als gleiche Spezies reklassifiziert. Historisch hatte man ihnen verschiedene lateinische Namen gegeben (*Canis familiaris* und *Canis lupus*), aber diese entsprachen eigentlich nicht der biologischen Definition unterschiedlicher Spezies. Tiere werden dann als unterschiedliche Spezies betrachtet, wenn ihre gemeinsamen Nachkommen sich nicht weiter fortpflanzen können. Diese Unfähigkeit zur Reproduktion ist das Ergebnis zu vieler genetischer Unterschiede in den Chromosomen der Eltern, sodass diese sich im Prozess genetischer Kombination nicht verketten können.

Genau dies ist der Grund dafür, warum Pferde und Esel als verschiedene Spezies klassifiziert werden: Die Verpaarung von Pferd und Esel führt zu einem Maultier, aber Maultiere können sich nicht weiter fortpflanzen. Sie sind eine evolutionäre Sackgasse. Wolf-Hund-Hybriden sind dagegen häufig und können sich weiter fortpflanzen, egal, wie viele Generationen kombiniert werden. Letzten Endes wurden Taxonomen endlich auf diesen Fehler aufmerksam und reklassifizierten Wölfe und Hunde als beide zum Genus *Canis lupus* gehörig – aber als verschiedene Sub-Spezies (Unterarten), nämlich *Canis l. lupus* und *Canis l. familiaris*.

Hunde mögen die gleiche Spezies sein wie Wölfe, aber trotzdem sind sie von diesen immer noch sehr verschieden. Menschen, die viel Zeit mit Wölfen verbracht haben, erwähnen stets, wie entdeckerfreudig, aktiv und schlau Wölfe seien – und implizieren dabei zwischen den Zeilen »im Vergleich zu Hunden«. Ärgern Sie sich nicht darüber, wenn Sie so ein Hundeliebhaber wie ich sind. Ich bin wirklich vernarrt in Hunde, habe aber schon so manchen Wolfs-Hund-Hybriden mit Erstaunen darüber, wie anders als Hunde sie sind, den Rücken gekehrt.

Ich habe einmal mit einem fünf Monate alten, 80 %igen Wolfs-Hund-Mischling gearbeitet, der in der kleinen Wohnung seines Besitzers schlichtweg außer sich und nicht er selbst war. In der Stunde, die ich dort verbrachte, hörte er nie mit Klettern auf (auf mich, auf den Tisch, die Wände hoch ...), hörte nie mit dem Einsatz seiner Zähne auf (an mir, am Tisch, an den Wänden ...) und hörte nie auf, nach Beschäftigung zu suchen (mit mir, mit dem Tisch, mit den Wänden ...). Es lag weit über dem normalen Aktivitätsniveau eines energiegeladenen und gelangweilten Junghundes. Es fühlte sich eher wie ein komplett anderes Tier an. Genau das war es auch.

Wölfe sind nicht nur aktiv und voller Forscherdrang. Die Menschen, die mit ihnen arbeiten, erinnern uns bei jeder Gelegenheit daran, dass Wölfe nun einmal Wildtiere sind, Punktum. Das bedeutet, dass man sie nur selten zu Stubenreinheit erziehen kann, dass man es nicht schafft, sie von den Möbeln fernzuhalten und sie nicht bestrafen kann, wenn sie wieder mal den Müll geplündert haben. Wölfe haben ihre eigenen sozialen Regeln, die sie sehr ernst nehmen. Strafe für das Müllplündern würde von ihnen wie eine grundlose Attacke aufgefasst und entsprechend mit Gleichem vergolten.

Ray Coppinger erzählt in seinem Buch *Hunde* eine wunderbare Geschichte, wie der Wolfsexperte Erich Klinghammer vom Wolf Park ihm sagte, er solle die Wölfe, die er gleich treffen würde, so behandeln, als ob sie Hunde wären. Also klopfte Ray einer Wölfin als kumpelhafte Begrüßung herzhaft auf die Seite, was zu einer ebenso herzhaften Attacke auf seinen Unterarm führte und dazu, dass ein anderer Wolf an seinen Hosen zerrte. Diejenigen von uns, die mit aggressiven Hunden arbeiten, haben herzhafte Knüffe zwar aus ihrem Begrüßungsritual gestrichen, aber es gibt jede Menge Hunde, die sie tatsächlich mögen, sogar wenn sie von Fremden kommen. Nicht so Wölfe.

Der möglicherweise interessanteste Bereich zum Vergleich von Wölfen und Hunden ist die Rolle, die Hierarchie in ihrer sozialen Struktur spielt. Dies ist der kontroverseste Aspekt in Wolf-Hund-Vergleichen, und das verständlicherweise. Er wird am häufigsten erwähnt, vermutlich aber am wenigsten verstanden. Wie oft haben Sie schon mit Verweis auf die sozialen Strukturen eines Wolfsrudels »Sie müssen dominant über Ihren Hund sein!« gelesen? Hundehaltern wurde geraten, ein unendliches Spektrum von Verhaltensproblemen zu lösen, indem sie »dominant« über ihre Hunde sein sollten. Leider sind die Probleme bei dieser Vorgehensweise mehr als zahlreich. Zunächst wird der Begriff Dominanz, wie ich schon in einem früheren Beitrag dargelegt habe, oft nur unzureichend verstanden, selbst innerhalb eines Wolfsrudels. Viele Menschen setzen Dominanz mit Gewalt und Aggression gleich.

Das dominante Individuum einer Gruppe zu sein, anders gesagt das mit den meisten sozialen Freiheiten, ist ein Weg zur Vermeidung von Aggression, nicht eine Entschuldigung zu ihrem Einsatz. Sozialer Status kann mit oder ohne Gewalt erreicht werden – sowohl Gandhi als auch Saddam Hussein waren in ihren Kulturen einmal dominante Persönlichkeiten, aber sie sind auf vollkommen unterschiedlichen Wegen in diese Position gekommen.

Zweitens verschafft selbst in einem Wolfsrudel Dominanz einem Individuum nicht die Möglichkeit, zu jeder Tages- und Nachtzeit stets das zu tun, wonach ihm gerade der Sinn steht. So einfach ist es nicht. Wenn man Dominanz besitzt, gibt einem das mehr soziale Freiheit als den anderen, aber nicht notwendigerweise die Lizenz, zu jedem beliebigen Zeitpunkt alles Beliebige tun zu können.

Ein weiteres Problem ist, ob das soziale System von Hunden wirklich dem von Wölfen entspricht. Man hat argumentiert, dass wir von Hunden nicht erwarten sollten, irgendwelche sozialen Strukturen zu zeigen, wie sie bei Wölfen vorkommen, weil Hunde sich in der Evolution eher zu Plünderern als zu Rudeljägern entwickelt hätten. Plünderer sind nicht auf ein eng miteinander verwobenes Rudel angewiesen, um zu überleben, weil das Buddeln in einem Müllhaufen keinen koordinierten Gruppeneinsatz erfordert.

Man kann aber auch nicht glaubhaft argumentieren, dass Hierarchien für Hunde irrelevant seien – das Bewusstsein einer sozialen Hierarchie ist ebenso sehr ein Teil des Hundeverhaltens wie Schwanzwedeln und Ballspielen. Aber genau wie beim Schwanzwedeln und Ballspielen sind einzelne Hunde sehr unterschiedlich darin, wie stark sie sich damit befassen. Manche Hunde wedeln ständig, andere selten. Manche Hunde würden sich umbringen, um Ball spielen zu können, anderen könnte nicht weniger daran liegen.

Meiner Meinung nach sind Hunde und Wölfe sich in der Hinsicht ähnlich, dass soziale Hierarchien ein Bestandteil dessen sind, was sie ausmacht und wer sie sind, aber sie unterscheiden sich in mindestens zweierlei Hinsicht. Erstens mag sozialer Status für Hunde zwar relevant sein, aber er ist für sie unwichtiger als er es für Wölfe ist; und zweitens variieren einzelne Hunde stärker als Wölfe darin, wie wichtig Status für sie ist.

Hier die Logik hinter diesen Aussagen: Wir wissen, dass Hunde sich größtenteils wie juvenile Wölfe verhalten – sie sind die Peter Pans der Wolfswelt. Hunde werden nie so ganz erwachsen, was der Grund dafür ist, dass sie sanftmütiger und fügsamer bleiben als erwachsene Wölfe. Für Individuen, die nie richtig groß werden, scheint es wahrscheinlich zu sein, dass sie soziale Hierarchien nicht so ernst nehmen, wie ihre Wolfsvettern es tun.

Weniger intuitiv verständlich ist, dass der gleiche Vorgang, der für die Schaffung des Zustands ewiger Jugend verantwortlich ist, auch ein höheres Maß individueller Variabilität schafft. »Pädomorphe« Tiere sind geschlechtsreife Individuen, die immer noch aussehen und sich verhalten wie Jungtiere, und wie sich zeigt führt die Selektion auf ein solches Merkmal auch zu einem höheren Grad an Variabilität.

Dies ist einer der Gründe dafür, warum es so einfach ist, aus dem gleichen Genpool Deutsche Doggen und Chihuahuas zu züchten. Aber es sind nicht nur Größe und Körperbau, die bei unseren Haushunden variabel sind, sondern auch Verhalten und Wesen. Die Frage, wer in der Hierarchie wer ist, ist für einzelne Hunde von enorm unterschiedlicher Wichtigkeit, genau wie beispielsweise das Interesse am Hüten von Schafen oder am Apportieren erlegter Wildvögel.

Und so nehme ich elegant die Kurve zurück zu meinen früheren Aussagen »Hunde sind Wölfe« und »Hunde sind keine Wölfe« und zu der Tatsache, dass beide gleichermaßen wahr sind. Vielleicht ist eine Möglichkeit, es zu sehen, die, dass Hunde Babywölfe sind, die sich an das Leben mit uns und in unserer Welt angepasst haben, während Wölfe Wildtiere sind, die Menschen ihr eigenes Leben leben lassen.

Denken Sie daran, wenn Sie das nächste Mal etwas über den Vergleich von Wölfen und Hunden lesen und fragen Sie sich, was genau dort verglichen wird. Lassen Sie sich nicht von den gleichzeitig vorhandenen Ähnlichkeiten und Unterschieden aus dem Konzept bringen. Letzten Endes sind Orangen auch anders als Grapefruits, aber trotzdem ist wichtig zu wissen, dass beide

Zitrusfrüchte sind. Und genau wie die unterschiedlichen Sorten von Zitrusfrüchten sind auch Hunde und Wölfe sich sehr ähnlich und gleichzeitig doch sehr unterschiedlich. Bestellen Sie also Ihrer kleinen Fell-Orange bitte ein nettes Streicheln von mir – und es lebe der Unterschied!

WAS FRÜHER WAR UND HEUTE IST

Jenseits des »Dominanz«-Paradigmas

Es geschah in Schottland, als ich in den 1990er Jahren an einer Konferenz über Tierschutz teilnahm. Meine Gastgeberin hatte mich zur Cocktailstunde in einen überfüllten Raum begleitet und dann mit einem Löffel an ihr Glas geklopft, um alle Anwesenden aufmerksam zu machen. »Sie alle«, sagte sie, als die Menge sich umdrehte und uns erwartungsvoll anschaute. »Sie alle, bitte begrüßen Sie Dr. Patricia McConnell aus den Staaten. Sie ist Ethologin.« Beim Wort »Ethologin« flutete mir ein kollektives »ooooh« aus der Menge entgegen. Vielleicht habe ich sogar einige »ahhhhs!« gehört. Dabei löste nicht ich diese Reaktion aus, sondern mein Beruf. Jeder schien zu wissen, was Ethologie ist und – wichtiger noch – jeder schien versessen darauf zu sein, darüber zu sprechen. In kürzester Zeit war ich von Menschen umringt, die begeistert über Tierverhalten diskutierten –

von den Paarungsritualen der Lemuren bis hin zu den Verschrobenheiten des in ihrem Wohnzimmer lebenden Labrador Retrievers.

Immer, wenn ich hier zuhause in den USA als Ethologin vorgestellt werde, muss ich an diesen Abend in Schottland denken. Mehr als einmal wurde das Wort schon als »Ökologin« wiedergegeben, als ob wir irgendwie einen Sprachfehler gehabt und eigentlich »Ökologin« gemeint hätten. »Ethologie« ist in diesem Land kein besonders bekannter Begriff, was mir nicht so viel ausmachen würde, hätte dieses mangelnde Bewusstsein nicht zu einem Missbrauch des Wortes im Zusammenhang mit Hundetraining geführt.

Am häufigsten passiert das, wenn Menschen ohne akademischen Hintergrund Ethologie als Rechtfertigung für »Dominanz über den Hund bekommen« und damit angebliche Lösungsmöglichkeit für alle möglichen Arten von Problemverhalten hernehmen. Zum kollektiven Erstaunen vieler von uns, die im Bereich Verhalten und Tiertraining arbeiten, tauchen hierzulande neuerdings wieder vermehrt Methoden auf, die diese Perspektive in den Vordergrund stellen. Ihr Hund kommt nicht, wenn Sie ihn rufen? Er pinkelt auf den Teppich? Na klar, so erklärt man uns, dann liegt das daran, dass Sie keine klare Rangordnung im Rudel aufgestellt haben.

Was aber hat Dominanz mit dem Kommen auf Zuruf oder dem Pinkeln auf den Teppich zu tun? Dominanz ist von Bedeutung, wenn es darum geht, wer den einzigen vorhandenen Knochen bekommt, wenn alle ihn gleichermaßen gerne haben möchten. Keinerlei Logik steckt dagegen dahinter, wenn jedes Verhaltensproblem mit Dominanz oder Unterwerfung hinweg erklärt wird. Dies ist genauso unlogisch, als ob man seine eigenen schlechten Manieren mit sozialem Status entschuldigen wolle. Viel Glück bei der Erklärung, dass Sie nur deshalb gerade drei Stücke von der Cremetorte gegessen haben, weil Sie sich Ihres Platzes in der Gesellschaft nicht sicher sind.

Befürworter der »Seien Sie dominant über Ihren Hund als Antwort auf alles«-Perspektive untermauern ihre Argumente häufig mit dem Zitieren wissenschaftlicher Beweise – insbesondere von Ethologen stammender Daten – dafür, dass Hunde Rudeltiere sind. Als solche, so argumentieren sie, brauchen Hunde von uns keine Liebe, sondern müssen lediglich wissen, wo ihr Platz ist. Seufz. Ungefähr das einzige Wahre an dieser Aussage ist, dass Hunde in der Tat hoch soziale Lebewesen sind. Und es stimmt, dass wir das von Ethologen erfahren haben.

Ethologie ist das Studium von Verhalten, mit besonderer Betonung auf dem Verhalten von Tieren in ihrer natürlichen Umgebung. Der heutige Gebrauch des Wortes begann in den 1930er Jahren in Europa, als Konrad Lorenz, Karl von Frisch und Niko Tinbergen mit der Arbeit begannen, die ihnen dann letztlich 1973 den Nobelpreis für ihre Verhaltensstudien einbrachte. Diese europäischen Wissenschaftler interessierten sich besonders für die Beobachtung von Tieren in freier Wildbahn, im Gegensatz zu der damals in Amerika vorherrschenden Praxis, das Verhalten von in Gefangenschaft lebenden Tieren zu studieren. Letzten Endes führte diese Art der Feldforschung zu David Mechs umfangreichem Material über Wolfsverhalten und zu Jane Goodalls Reisen nach Afrika, um Schimpansen in der Wildnis zu beobachten.

Einer der vielen Aspekte von Verhalten, für den sich diese frühen Ethologen interessierten, war die soziale Organisation, und mit vielen ihrer anfänglichen Arbeiten versuchten sie zu verstehen, wie Tiere miteinander umgehen und wie sie ihre sozialen Beziehungen organisieren. Es stimmt, dass Ethologen insbesondere in den 1940er und 1950er Jahren von Themen fasziniert waren, die mit sozialer Hierarchie und Status zu tun hatten. Es war auch in den gleichen Jahrzehnten, vor etwa 50 oder 60 Jahren, dass viel über Dominanz geschrieben wurde (insbesondere über männliche Dominanz) sowie über die Funktion und Evolution von Aggression. Das heißt nicht, dass dies die einzigen Themen sind, für die Ethologen sich interessieren, es heißt nur, dass Themen, die mit Status und Hierarchie zu tun hatten, besonders viel Aufmerksamkeit zuteil wurde.

Zur gleichen Zeit, als Ethologen die sozialen Hierarchien der verschiedensten Spezies zu entdecken begannen, verteilten amerikanische Behavioristen Futterbelohnungen und Stromstöße an Mäuse, Ratten und Affen, um den Lernvorgang bei Tieren zu verstehen. Dabei wurden mit den Tieren so manche Dinge gemacht, über die die meisten von uns sicher lieber nicht nachdenken möchten. Der Grund für die Überzeugung gebildeter Verhaltensforscher und Trainer, dass positive Bestärkung (wie Futterbelohnung) im Hundetraining wirksamer ist als »positive Strafe« (wie Stromstöße) liegt darin, dass mit Abertausenden von Versuchstieren Experimente gemacht wurden, die heute niemals mehr erlaubt wären. Auch wenn ich mir manchmal wünsche, dass ich in der Zeit zurückreisen und einiges des von diesen Versuchen verursachten Leids verhindern könnte, trifft es doch zu, dass viel Gutes aus ihnen hervorging. So wie die modernen Ethologen auf dem Frühwerk von Lorenz und Tinbergen aufbauen, haben Lerntheoretiker und Psychologen (genau wie Hundetrainer) erheblich vom Frühwerk amerikanischer Behavioristen wie Watson und Skinner profitiert. Das heißt natürlich nicht, dass die Psychologen von heute die Anwendung von Stromstößen bei Ihrem Hund befürworten, genauso wenig wie Ethologen die Anwendung von Gewalt befürworten, um »Dominanz über den Hund« zu erlangen.

Menschen, die behaupten, dass die Ethologie für »seien Sie dominant über Ihren Hund« spräche, konzentrieren sich nicht nur auf ein Thema, das vor 50 Jahren bedeutungsvoller war als heute, sondern sie interpretieren auch die Ergebnisse der frühen Forscher zur sozialen Hierarchie falsch. Soziale Hierarchien sind komplizierte Dinge, die Tieren Zusammenleben und Konfliktlösung ermöglichen, ohne dass jedes Mal, wenn ein Konflikt aufkommt, zur Gewaltanwendung gegriffen werden muss. Sozialer Status ist nur einer von vielen Faktoren, die das Verhalten eines Tieres beeinflussen, und er bezieht sich nur auf das Verhalten eines Tieres unter bestimmten Umständen. Er ist dann relevant, so würde ich argumentieren, wenn Hunde sich gegenseitig begrüßen, wenn sie sich in einem potenziellen Konflikt darüber befinden, wer den Knochen bekommt oder wer zuerst zur Tür hinausgeht, aber er ist irrelevant, wenn ein Hund sich entschließt, auf Zuruf zu kommen (oder nicht). Hochrangige Wölfe bellen Untergebenen kein KOMM!-Kommando zu und sie bestrafen Welpen auch nicht für »Ungehorsam«, wenn sie kein perfektes Herankommen auf Zuruf zeigen. Status ist in den meisten sozialen Interaktionen einfach nicht relevant. Außerdem haben Studien zu unzähligen verschiedenen Tierarten hinreichend klargemacht, dass die Beziehungen zwischen Individuen ebenso sehr auf individueller Persönlichkeit und Lernen beruhen wie auf sozialem Status.

»Dominanz« als Grundlage für ein Erziehungsprogramm zu benutzen ignoriert deshalb alles, was Ethologen über die Feinheiten von Kommunikation und sozialer Interaktion herausgefunden haben sowie alles, was Psychologen über den Vorgang des Lernens wissen. Ethologie hat mit »Dominanz über den Hund« genauso wenig zu tun wie die Psychologie mit Stromstößen, um

Verhalten beeinflussen zu wollen. Beide wissenschaftliche Perspektiven liefern uns eine reiche und strukturierte Grundlage, die für Hundefreunde und Akademiker gleichermaßen informativ ist. Vom Verstehen feiner visueller Signale, die uns sagen, wann unsere Hunde ängstlich sind bis dahin zu wissen, wann wir das Verhalten unseres Hundes bestärken und wann wir das Leckerchen zurückhalten sollen, können Ethologen und Psychologen Hand in Hand daran arbeiten, uns das Verhalten unserer Hunde verstehen zu helfen. Keiner von ihnen befürwortet Gewalt oder körperliche Strafen als vorrangige Methode zur Erziehung von Hunden.

Das nächste Mal, wenn jemand Sie mit schlechter Wissenschaft zu verführen versucht und sagt, dass es für die Anwendung von Gewalt in der Hundeerziehung ethologische Grundlagen gäbe, dann zögern Sie nicht, ihm die Stirn zu bieten. Die Wissenschaft ist auf Ihrer Seite! Stecken Sie sich Lorenz und Skinner in die Tasche und wenden Sie an, was wir in Ethologie und Psychologie gelernt haben, um die Beziehung zwischen Ihnen und Ihrem Hund zu bereichern anstatt sie zu verschlechtern.

SCHÖNHEIT ENDET UNTERM FELL

Schlechtes (und gutes) Verhalten kann vererbt werden

Sie saßen mit blassem Gesicht in meinem Büro und hatten vor meinem Urteil ebenso viel Angst wie vor ihrem eigenen Hund. Sie liebten ihn innig und nannten ihn halb im Scherz »ihr anderes Kind«. Der Gedanke daran, ein so schönes Tier vielleicht einschläfern zu müssen, war schlicht unerträglich. Aber langsam begann die Angst gegenüber der Liebe zu überwiegen. Schlimm genug, dass Kinko Besucher anknurrte und anbellte, aber nun begann er auch ihnen gegenüber aggressiv zu werden. Er hatte sie beide gebissen, als sie beim Eintreffen von Gästen versucht hatten, ihn von der Haustür wegzuziehen. Der neueste Vorfall, als er seine Zähne in Carols Unterarm geschlagen und diesen geschüttelt hatte wie eine gefangene Ratte, war der Tropfen, der das Fass zum Überlaufen gebracht hatte.

Während des Aufnahmegesprächs fragte ich nach Kinkos älterer Vorgeschichte. »Wissen Sie irgendetwas über das Verhalten seiner Eltern?« Sie schüttelten die Köpfe. »Nein«, sagte Paul. »Wir haben sie nur aus der Entfernung gesehen«, erklärte Carol, »sie bellten und knurrten so sehr, dass wir Angst hatten, näher an sie heranzugehen. Wir können deshalb wirklich nichts über ihr Verhalten sagen.«

Seufz. Ich wünschte, dies wäre ein Einzelfall von besonders naiven Besitzern, aber leider ist er das nicht. Kinkos Besitzer waren nicht die ersten Kunden, die das Verhalten der Eltern nicht mit dem ihres Welpen in Verbindung zu bringen schienen. Ich habe bei meiner Arbeit mit vielen intelligenten, redegewandten Menschen zu tun gehabt – von Ärzten über Firmenchefs bis zu Professoren – die in meinem Büro saßen und erkennen ließen, dass sie keine Vorstellung von der Erblichkeit von Verhalten hatten. Jeder weiß, dass Hütehunde hüten und Jagdhunde jagen, aber davon abgesehen ist die Genetik des Verhaltens für den durchschnittlichen Hundebesitzer ein großes Mysterium. Meine Kunden wussten genug, um zu erwarten, dass ihr Labrador wahrscheinlich gerne Ball spielen wird, weil es das ist, was der natürlichen Veranlagung dieser Rasse entspricht. Aber sie wussten nicht genug, um das Bellen und Knurren der Elterntiere mit dem Verhalten ihres aufwachsenden Junghundes in Verbindung zu bringen.

Während ich diese Zeilen schreibe, komme ich noch einmal über das Thema dieses Beitrags ins Nachdenken. Bestimmt weiß doch jeder, dass nicht die Rasse eines Hundes oder seine seelenvollen braunen Augen am besten sein Verhalten vorhersagen, sondern vielmehr das Verhalten seiner engsten Verwandten. Verschwende ich nicht Ihre und meine Zeit, indem ich auf der Hand Liegendes beschreibe? Andererseits – ich habe mir all diese Kunden nicht ausgedacht. Gute Menschen, kluge Menschen, hundeliebe Menschen, die mir Tag für Tag und Woche für Woche sagen, dass sie nicht nach dem Wesen des Vaters gefragt hätten, bevor sie den Welpen mit nach Hause nahmen.

Es gibt endlos viele Beispiele für Verhalten, das von den Eltern an die Welpen weitergegeben wird. Mein erster Border Collie Drift drückte seine Aufregung so aus, dass er immer eine Vorderpfote hob, dabei zwischen rechts und links abwechselte und so einen regelrechten Stakkato-Steptanz hinlegte. Seitdem habe ich viele Hunde besessen, die alle ihre eigene Art hatten, Aufregung auszudrücken. Die Pyrenäenberghündin Tulip kreiselte um sich selbst, wobei ihre Augen leuchteten wie Wunderkerzen. Lassie springt los, um ein Spielzeug zu holen und mir zu bringen, wobei sie es wild hin- und herschüttelt. Aber nur Drifts Sohn benahm sich exakt wie sein Vater, wenn ich »Komm, wir gehen zum Stall« sagte und tanzte wie Fred Astaire in seinem schwarzweißen Pelzfrack.

Wer würde schon erwarten, dass die Art und Weise, wie sich die Vorderpfoten bei einem aufgeregten Hund bewegen, erblich ist? Aber wer hat auch erwartet, dass eineiige, getrennt voneinander aufgewachsene menschliche Zwillinge letzten Endes in Häusern mit der gleichen Farbe wohnen, identische Ringe an den gleichen Fingern tragen und Partner mit den gleichen Namen heiraten?

Es ist absolut erstaunlich, welche Verhaltensticks bei Hunden und Menschen erblich sind. Die Tochter einer meiner Border Collie Hündinnen »spricht« genau wie ihre Mutter und bringt bei Aufregung die verschiedensten Vokale hervor (»Ai-iii-oh-uuuu!«). Zwei verschiedene Personen haben unabhängig voneinander und zu verschiedenen Gelegenheiten geäußert, dass ich genauso Puzzles legen würde wie meine Mutter. Aber es sind nicht nur triviale Merkmale, die von den Eltern an die Nachkommen weitergegeben werden. Manche erblichen Verhaltensmuster machen den Unterschied zwischen einem glücklichen Hundebesitzer aus und einem, der eine echte Hölle durchlebt.

Viele Merkmale scheinen in Familienkreisen vorzukommen, von Hund-zu-Hund Aggression über Verteidigung von Frauchens Schoß bis hin zur Tendenz, die Aggression auf den Besitzer umzulenken. Übrigens sind nicht alle ererbten Merkmale negativ – sanfte und freundliche Naturen werden mit genauso großer Wahrscheinlichkeit von den Eltern an die Nachkommen weitergegeben wie problematische.

Natürlich ist es nicht nur die Genetik, die das Verhalten beeinflusst. Frühentwicklung und Lernspiele spielen eine ebenso wichtige Rolle. Diese duale Wichtigkeit von Genen und Umwelt wurde nicht immer richtig eingeschätzt. Jahrelang führten amerikanische Behavioristen und europäische Ethologen eine »nature or nurture« (Natur oder Umwelteinfluss) Debatte und behaupteten, dass entweder das eine oder das andere die wichtigste Rolle in der Formung des Verhaltens bei einem Tier spielte. Zum Glück für uns und unse-

re Hunde ist man über diesen dummen Streit seit Jahrzehnten hinweg und alle
außer ein paar wirklich Radikalen sind sich darin einig, dass Verhalten ein
Rezept ist, in dem die Zutaten und die Methode ihrer Kombination gleichermaßen wichtig sind.

Ein wunderbares Beispiel für die Interaktion von Genen und Umwelt stammt
aus dem Labor von Stephen Suomi im National Health Institute. Suomi, ein
auf Verhalten spezialisierter Primatologe, stellte schon früh fest, dass die von
ihm studierten Rhesusäffchen alle mit jeweils einzigartigen Persönlichkeiten
zur Welt kamen. Er konnte nicht nur Individuen identifizieren, die impulsiv,
ein wenig aggressiv und insgesamt sozial weniger kompetent als die anderen
waren (etwa zehn Prozent der Population), sondern er fand auch heraus, dass
diese Individuen diese Merkmale schon bald nach der Geburt zeigten. Diese
Art von Verhalten wird von der Menge des verfügbaren Serotonins bestimmt,
einem Neurotransmitter im Gehirn. Die Menge des Serotonins wiederum ist
zum Teil ein Ergebnis der Gene, die der Affe erbt. Und so haben wir Individuen mit der Prädisposition, in Schwierigkeiten zu geraten und unangemes-
sen aggressiv zu werden, und das nur aufgrund ihrer genetisch ererbten
Gehirnchemie.

Was dieses Beispiel besonders interessant machte, war, dass die Umgebung,
in der jedes Einzeltier groß wurde, einen starken Einfluss darauf hatte, in wel-
chem Maß dieses besondere Merkmal gezeigt wurde. Eine wirklich gute
Mutter konnte die meisten Auswirkungen des niedrigen Serotoningehalts im
Stoffwechsel ausgleichen, während diejenigen Affen, die keine Supermutter
hatten, stärker von ihrer Genetik beeinflusst waren. Ein wunderbares Beispiel
für das Ineinanderspielen von Genetik und Umwelt und wie beide einen großen Einfluss darauf haben, wie ein Tier sich verhält.

Eine der ermutigenden Implikationen der dualen Wichtigkeit von Natur und
Umwelt ist, dass genetisch weitergegebene Neigungen wie zum Beispiel Ver-
teidigungsverhalten und Aggression oft durch solide Kenntnisse der Umwelt-
Seite der Gleichung beeinflusst werden können. Tierverhaltenstherapeuten
wie ich hätten es schwer, den Kunden zu helfen, ohne sehr gute Kenntnisse
von operanter und klassischer Konditionierung zu haben. Aber so gerne ich
meinen Kunden auch helfe – lieber noch wäre mir, ich könnte all die schwer-
wiegenden und herzzerreißenden Probleme gleich von vornherein vermeiden.

Wenn Kinkos Besitzer ein bisschen mehr über den »Wie der Vater, so der Sohn«-Effekt gewusst hätten und wenn die Züchter der Wesensveranlagung genauso viel Aufmerksamkeit geschenkt hätten wie gesunden Hüften, hätten die Besitzer nicht mit aschfahlem Gesicht und verzweifelt in meinem Büro gesessen und hätten nicht darüber nachdenken müssen, ob sie ihren vierbeinigen besten Freund einschläfern müssen oder nicht.

Trotz des signifikanten Einflusses der Genetik auf das Verhalten herrscht hierzulande ein auffälliger Mangel an Bewusstsein für diese wichtige und in vieler Hinsicht ja auch offensichtliche Tatsache. Wir alle scheinen zu »wissen«, dass Verhalten stark von Genetik beeinflusst wird und Redensarten wie »Der Apfel fällt nicht weit vom Stamm« oder »ganz der Vater« sind wohlbekannte Volksweisheiten, die dieses Verständnis widerspiegeln. Das Problem scheint zu sein, dass wir nicht auf dieses Wissen zurückgreifen, wenn wir es brauchen. Wenn Kinkos Besitzer daran gedacht hätten, hätten sie niemals einen Welpen gekauft, der von Eltern mit solch einer zweifelhaften Veranlagung abstammte.

Und der Züchter? Ich kenne die Besonderheiten in diesem Fall nicht, aber ich könnte einen ganzen Konzertsaal mit »verantwortungsvollen Züchtern« füllen, die nach Rassetyp, gutem Körperbau und tollem Haarkleid selektieren und die Erbkrankheiten sorgfältig ausschließen ... und das wars. Immer und immer wieder wird der Wesensveranlagung der Zuchttiere wenig Aufmerksamkeit geschenkt. Ich bin ganz und gar dafür, auf guten Körperbau und stabile Gesundheit zu züchten und habe genauso viel Spaß an einem toll aussehenden Hund wie jeder andere auch, aber – um eine weitere altmodische Redensart zu zitieren – »Aus einer schönen Schüssel kann man nichts essen, wenn nichts drin ist«.

Oft achten Leute, die es eigentlich besser wissen sollten, ausschließlich auf Gebäude und körperliche Gesundheit und ignorieren Verhaltenstendenzen, die in künftigen Würfen wieder unangenehm auf sie zurückkommen können. Sie beißen im wahrsten Sinne des Wortes zurück. Wir sind so sehr vom Aussehen fasziniert, dass dies Thema für einen eigenen Beitrag sein könnte (offensichtlich ist unsere Konzentration auf äußere Attraktivität auch ererbt!) – und es ist ja auch nicht immer eine schlechte Sache. Aber wir müssen unbedingt denjenigen Züchtern den Rücken stärken, die auf gute Wesensveranlagung züchten und wir müssen Hundebesitzern klarmachen, dass sie ihre Entscheidung nicht nur auf Aussehen und allgemeine körperliche Gesundheit, sondern auch auf Verhalten begründen sollten.

Das Letzte was ich von Kinko hörte, war, dass er seit dem Besuch in meinem Büro nicht mehr gebissen hätte und dass sein Verhalten gegenüber Gästen sich stark gebessert habe. Seinen Besitzern ist aber bewusst, dass sie stets sehr gut auf ihn aufpassen müssen und dass er nie ganz der Hund sein wird, den sie sich eigentlich gewünscht hatten. Beim nächsten Mal werden sie darauf achten, sich nicht von einem hübschen Gesicht allein vereinnahmen zu lassen. Sie können dazu beitragen, zukünftige Kinkos zu vermeiden, indem Sie diese Seiten an jemand weitergeben, von dem Sie wissen, dass er demnächst einen Wurf züchten oder einen Welpen kaufen möchte. Oder noch besser – geben Sie sie jedem, der demnächst ein Rendezvous hat – wären wir nicht alle besser beraten, wenn wir unabhängig von der Spezies mehr auf das Verhalten anstatt auf das Aussehen achten würden?

Aggression

Ist sie eine Frage der Zucht?

Ich wünschte, ich hätte die Bilder nicht gesehen. Obwohl sie schrecklich genug waren. Aber es war vielmehr der Ausdruck ihres Gesichts. Allein in einem Krankenhausbett, das Nachthemd hochgezogen, um die Verletzungen offenzulegen wurde das zehnjährige Mädchen ein weiteres Mal zum Opfer. Zuerst wurde sie von zwei Hunden im Vorgarten ihrer Freundin zerbissen, jetzt war sie hilflos und eingeschüchtert und wurde von einem Polizeifotografen »attackiert«, der ihre Verletzungen protokollierte.

Es ist der zweite Fall, den ich dieses Jahr sehe, in dem ein Kind schwer verletzt wurde, weil seine Freunde heftig und wild mit den Kampfhunden ihres Vaters gespielt hatten. Das kleine Mädchen von oben hatte seine Freundin verärgert, die daraufhin wütend »Hol das Fleisch!« gesagt hatte – das Signal, das sie von ihrem Vater gehört hatte, wenn er seine Hunde zum Kämpfen schickte. Es hatte zehn Minuten lang gedauert, bis man die Hunde dazu gebracht hatte, von dem Mädchen abzulassen.

Ich kann mir vorstellen, dass Sie wahrscheinlich genau wie ich reagieren würden – abgestoßen von einem Vater, der so etwas zulassen konnte, indem er gedankenlos sein kleines, ahnungsloses Kind mit einem Tier zusammenbrachte, das er zu seinem eigenen Vergnügen ausgebeutet hatte. Es ist nur zu leicht, vom Verhalten unserer eigenen Spezies geschockt zu sein. Manchmal bin ich geradezu sprachlos angesichts der Dinge, die manche Menschen mit Hunden tun. So bin ich zum Beispiel nicht sicher, ob ich gerne die Person treffen würde, die ihre Kaukasischen Owtscharkas in einer Anzeige mit »... haben die Durchschlagkraft einer Kaliber .45 – aber mit Intelligenz« bewirbt. (Ich habe mich auch einmal mit einem Züchter von Pyrenäenberghunden unterhalten, der mir sagte, seine Rasse sei »ein geladenes Gewehr, das nur aufs Losgehen warte«. Ich wartete fast dreizehn Jahre lang, ob meine liebe, freundliche Pyrenäenberghündin Tulip irgendwann »losgehen« würde. Offensichtlich hatte sie die Aktennotiz aber nie bekommen.)

Es ist nicht schwierig, Berichte von unglaublich verantwortungslosen Dingen zu finden, die Menschen über Hunde sagen oder die Menschen mit Hunden machen, damit andere Menschen verletzen und den betreffenden Hund in große Schwierigkeiten bringen. Das ist zu einfach. Es betrifft »die anderen«. Sie kennen sie, »die anderen«, die Menschen, die Bücher wie dieses hier nicht lesen. Die Menschen, die ihre Hunde ohne Verantwortungsgefühl großziehen, erziehen oder halten. »Die anderen«, nicht wir.

Ich möchte aber über uns sprechen. Denn selbst wenn zwei Fälle von Kampfhunden, die sich auf ein Kind stürzen, mehr als genug sind, sind sie Gottseidank doch selten. Aber weniger dramatische Fälle, in denen Menschen von Hunden verletzt oder eingeschüchtert werden (Fälle, die nicht sensationell genug sind, um es in die Schlagzeilen zu schaffen) sind nicht so selten, wie man meinen könnte. Was Verhaltensexperten tagein, tagaus sehen ist: Ein Hund, der im Alter von acht Wochen knurrt, wenn man seinen Kauknochen wegnimmt. Oder ein Hund, der sich trotz der Beruhigungsversuche seines Besitzers während eines Gewitters in eine echte Raserei hineinsteigert. Oder ein Hund, der knurrt, schnappt und vielleicht sogar beißt, wenn Gäste ins Haus kommen. Oder den Hund, der nicht vom Bett wollte und deshalb seine Besitzerin in den Arm biss, wobei er sich über Unterarm und Ellbogen bis zur Schulter vorarbeitete und sich schließlich an ihrem Ohr festbiss.

Da ich mich nun einmal auf die Arbeit mit aggressiven Hunden spezialisiert habe, ist es nicht weiter überraschend, dass ich eine Unmenge von Schwierigkeiten sehe. Für diesen Beitrag von Interesse ist, wo die Hunde herkommen und wer sie besitzt. Die Antwort ist einfach – sie kommen von überall her. Von Hinterhofzüchtern, von weithin bekannten Ausstellungszwingern, aus Tierheimen oder sogar aus einer Linie von Champions in Hütewettbewerben. Sie gehören mehrheitlich netten, verantwortungsvollen Menschen, von denen viele schon früher Hunde hatten und noch nie Probleme mit ihnen gehabt hatten. Anders gesagt – sie kommen von uns und gehören uns. Autsch. Es ist viel leichter, auf die dramatischen Horrorgeschichten zu blicken, auf die großen, gefährlichen Hunde im Besitz seltsamer Leute, »anderer« Leute. Ich winde mich davor, dies zu schreiben und kann nur erahnen, wie es sein muss, es zu lesen. Aber Tatsache bleibt: Auch wenn die meisten der rund 52 Millionen Hunde bemerkenswert höflich sind, sind zu viele von ihnen zu schnell darin, zur Lösung eines Problems ihre Zähne einzusetzen.

Barbara Woodhouse hat einmal gesagt: »Es gibt keine schlechten Hunde.« Vielleicht nicht, aber sicherlich sind wir uns alle darin einig, dass manche Hunde besser sind als andere. Und bei manchen Hunden ist es wahrscheinlicher als bei anderen, dass sie Menschen verletzen, und einige der Merkmale, die sie so sein lassen, sind genauso ererbt wie Fellfarbe oder Form der Ohren. Ich möchte nicht implizieren, dass die Zucht der einzige bestimmende Faktor dafür ist, ob ein Hund gefährlich werden kann oder nicht. Sie ist es nämlich nicht. Vieles von der Aggression, die wir zu sehen bekommen, hat nichts mit der Genetik zu tun. Vieles davon lässt sich ganz klar und oft tragischerweise durch die Unwissenheit der Besitzer erklären. Eine Aufklärung der Besitzer darüber, wie man einen Hund human und erfolgreich trainiert, kann einen erheblichen Beitrag zum Senken der Aggressionsfälle leisten. Dies ist ein so wichtiges Thema, dass es seine eigene Abhandlung verdient. Für den Moment werde ich es aber im »Sitz-Bleib« lassen, weil es hier um Genetik gehen soll und darüber, dass Hundebesitzer und Hundezüchter gleichermaßen unbedingt verstehen müssen, welch erhebliche Rolle eine gute Zucht für das Verhalten spielen kann.

In den Erwartungen, die wir Menschen an unsere Hunde haben, scheint es zwei Extreme zu geben: Da sind zum einen diejenigen Hundefreunde, die nicht wissen, dass Training eine Million Probleme lösen kann und zum anderen die, die meinen, mit Training könne man alles und jedes beheben. Aber auch wenn gutes Training wahre Wunder vollbringen kann – es kann nicht alle Probleme lösen, genauso wenig wie auch der beste Trainer der Welt Sie nicht zu einem Weltklasse-Basketballspieler machen kann. Lernen und Erfahrung müssen durch den Filter des genetischen Entwurfs hindurch, den jeder Hund mitbekommt. Und manche Hunde haben den Bauplan für Schwierigkeiten schon integriert. Es ist einfach eine biologische Tatsache, dass es bestimmte Merkmale gibt (und von denen viele stark durch Genetik beeinflusst sind), die bei einem Hund die Wahrscheinlichkeit für aggressives Verhalten wachsen lassen.

Eins dieser Merkmale ist Scheu. Scheu ist einfach die Angst vor unbekannten Dingen, auch wenn viele von uns offensichtlich dieses Wort zu vermeiden versuchen. »Er ist nicht wirklich scheu, er ist nur vorsichtig Menschen gegenüber, die er nicht kennt.« Das heißt er ist – nun ja – scheu. Scheu ist hochgradig erblich: In der freien Wildbahn wird man nicht dazu kommen, seine Gene weiterzugeben, wenn man das unvorsichtige Verhalten eines Welpen als Erwachsener beibehält. Überraschungen bedeuten in der Regel nichts Gutes, wenn man ein Leben am Rand des möglichen Abgrunds führt. Natürlich wird Scheu auch von den frühen Umwelterfahrungen beeinflusst, aber aufgrund individueller Unterschiede laufen manche Hunde ein höheres Risiko als andere, sich zu scheuen Erwachsenen zu entwickeln.

Wie alle erblichen Merkmale, über die ich sprechen möchte, ist Scheu kein Ja/Nein-Merkmal, sodass man nicht sagen kann, dass ein Hund entweder scheu ist oder nicht. Es handelt sich vielmehr um fließende Übergänge. Und wie all die anderen Merkmale auch führt es nicht schon an sich dazu, dass der Hund wirklich beißt. Es gibt scheue Hunde, die sich ihr ganzes Leben lang hinter den Beinen ihrer Besitzer verstecken. Es ist eine Kombination von Merkmalen, die Hunde hervorbringt, welche Menschen verletzen. Diejenigen scheuen Hunde, die in Schwierigkeiten geraten, sind auch Hunde, die das haben, was der Behaviorist William Campbell als »aktive oder passive« Verteidigung bezeichnet hat. »Passive« gegenüber »aktiver« Verteidigung ist der Unterschied zwischen dem Hund, der zitternd stehen bleibt, wenn ein Fremder die Hand nach ihm ausstreckt und dem Hund, der nach jeder Hand schnappt, die in die Nähe seines Kopfes kommt. Natürlich kommen manchmal auch beide Verhaltensweisen bei ein und demselben Hund vor, was in der

Regel von Alter und Lebenserfahrung abhängt, aber das genetische Komplement ist ein wichtiger Faktor dafür, wie der Hund im jeweiligen Lebensalter reagieren wird.

Ein weiteres relevant erscheinendes Merkmal ist die Prädisposition des Hundes dazu, sein Maul einzusetzen. Es sieht so aus, dass nicht alle Hunde mit der gleichen Neigung dazu auf die Welt kommen, ihre Zähne zur Problemlösung einzusetzen. Meine Border Collie Hündin Pip zum Beispiel hat ganz offensichtlich das Kapitel über Border Collies nicht gelesen. Pip arbeitete meine Schafe nicht, denn wenn diese sich ihr gegenüberstellten, leckte sie deren Nasen und wedelte mit dem Schwanz (bevor sie sich umdrehte und wegrannte). Sie kam ganz einfach niemals auf die Idee, dass sie ja auch ihre Zähne einsetzen könnte – nicht nur, um sich selbst zu verteidigen, sondern auch, um sich bei den Schafen Respekt zu verschaffen.

Es gibt noch viele andere Merkmale, die zu beeinflussen scheinen, mit welcher Wahrscheinlichkeit ein Hund aggressiv gegenüber Menschen wird. Ich vermute, dass Hunde, die – wie ich es nenne – »nach Status streben« viel wahrscheinlicher beißen werden, wenn man sie vom Bett zu schubsen versucht. Manche Hunde scheinen keine Frustrationstoleranz zu haben und geraten außer sich, wenn sie nicht bekommen, was sie wollen. Manche Hunde sind »reaktiver« als andere, beim leichtesten Reiz alarmiert und nicht in der Lage, sich wieder abzuregen, nachdem sie sich in etwas hineingesteigert haben, während ihr Bruder immer noch gähnend im Körbchen liegt.

Und sehen wir den Tatsachen ins Auge: Auch die Größe spielt eine Rolle. Lassen Sie sich das von jemand gesagt sein, der jahrelang seinen Lebensunterhalt damit verdient hat, in einem kleinen Raum mit Menschen beißenden Hunden zu arbeiten. Wenn Sie von einem Fünf-Kilo-Hund angebellt und angesprungen werden ist das einfach nicht das Gleiche, als wenn ein Fünfundvierzig-Kilo-Hund das tut, und zwar unabhängig von der Rasse. Manche kleinen Hunde haben zwar gewaltige Zähne (haben Sie je schon einmal in das Maul eines Jack Russell Terriers geschaut?), aber wenn ein kleiner Hund anstatt eines großen hinter Ihnen her ist sind die psychologischen Auswirkungen ganz einfach nicht die gleichen. Kleine Hunde mögen fähig sein, Sie zu verletzen – und sogar schwer –, aber sie werden es nicht schaffen, Sie zu Boden zu ringen. Möchten Sie in einem Raum mit einem nervösen, reaktiven, nach Status strebenden, mit aktivem Verteidigungsreflex versehenen Sechzig-Kilo-Hund sein, der keinerlei Frustrationstoleranz besitzt? (Warum nur kommt mir an dieser Stelle wieder die Aussage mit der Schlagkraft des Kaliber .45 in den Sinn?)

Die Ironie dabei und des Pudels Kern ist, dass wir eine Menge über die Genetik des Temperaments bei Caniden wissen, das aber nicht zu unserem Vorteil nutzen. In einem zutiefst bedeutungsvollen Versuch hatte ein Biologe namens Beljaev russische Pelzfarmfüchse auf »Sanftmütigkeit« hin gezüchtet. Er unterteilte die Füchse in drei Kategorien: Diejenigen, die bissen oder zu fliehen versuchten, wenn man mit einer Hand nach ihnen langte, während man ihnen mit der anderen Hand Futter anbot, diejenigen, die bewegungslos stehen blieben und diejenigen, die Kontakt aufnahmen, indem sie die Hand des Forschers leckten, winselten und mit den Schwänzen wedelten. Indem Beljaev diejenigen Füchse miteinander verpaarte, die von sich aus Kontakt zu fremden Menschen aufnahmen, entwickelte er eine Linie von Füchsen, die nicht nur mit freundlicher Begrüßung auf Fremde reagierten, sondern auch andere Merkmale von Haushunden wie zum Beispiel geschecktes Fell (wie beim Border Collie oder Springer Spaniel), geringelte Ruten und veränderte Entwicklungsraten zeigten. Einige von ihnen kamen sogar zweimal jährlich in die Hitze anstatt nur einmal, genau wie es bei Haushunden im Gegensatz zu Wölfen und Basenjis der Fall ist. In nur dreißig Generationen hatte er geschaffen, was er die »domestizierte Elite« nannte – eine Linie von Füchsen, die begeistert die Hände von Fremden leckten anstatt danach zu schnappen.

Wo aber ist der Siegerpokal für den freundlichen Hund? Welche Unterstützung und welche Belohnungen genau bekommen Züchter, wenn sie ihre Hunde auf Sanftheit hin selektieren? Auf Ausstellungen wird nach Körperbau selektiert und nach der Fähigkeit, sich gut präsentieren zu können. Hat letzteres etwas damit zu tun, ein guter Familienhund zu sein? Nicht unbedingt. Feldprüfungen für Retriever selektieren nach Triebstärke und Ausdauer, nach Hunden mit einer »Niemals aufgeben«-Mentalität, die sie nicht immer zur denkbar günstigsten Ergänzung für eine Vorstadtfamilie macht. Natürlich ist es nicht nur das Zielbewusstsein, das einem Hund zum Siegerpreis in der Feldprüfung verhilft – er kann nicht gewinnen, wenn er nicht hervorragend ausgebildet ist. Auf Feldprüfungen ist Gehorsam wichtig, genau wie er in Obediencewettbewerben, auf Agilityturnieren oder in Hütehundprüfungen wichtig ist. Aber lernen zu können, im Team zu arbeiten und während der Aufgabe wirklich auf den Teamleiter zu achten ist nicht das Gleiche wie Sanftheit oder fehlende Scheu oder fehlende Frustrationstoleranz. Der einzige Titel, der einer Beurteilung der Manieren nahe kommt, ist der Canine Good Citizen Award. (Nur in den USA vergebener Titel, wörtl. »Preis für den besten Hundebürger«.) Er ist eine lobenswerte Bemühung in die richtige Richtung und wir sollten ihn weiter fördern, bekannt machen und verbessern. Wie viel Beachtung genau wird höflichen Hunden mit guten Manieren zuteil? Gibt es einen glitzernden Gala-Abend mit Schampus und viel Geld, der sie jedes Jahr feiert?

An dieser Stelle ist es wichtig, auch die vielen Menschen zu erwähnen, die sorgfältig auf das Wesen der Hunde achten. Ich kenne Hütehundzüchter, die auf in der Landwirtschaft nützliche Arbeitshunde hin züchten. Diese Hunde können einen Stier bei der Nase packen, um ihn auf den Anhänger zu bringen, aber die sich eher auf links drehen würden bevor sie nach einem Kind schnappen würden. Ich kenne Züchter, die Westminster, die größte Hundeausstellung der USA, gewinnen möchten, aber nie mit einem Hund züchten würden, dem man nicht trauen kann, wenn der Postbote kommt. Ich kenne viele Hundebesitzer, die Monate damit verbracht haben, die für sie richtige Rasse, den richtigen Züchter und den richtigen Welpen auszusuchen.

Es gibt eine Menge vorbildlicher Züchter und Käufer, aber es sind eben leider einfach nicht genug und sie bekommen nicht genug Anerkennung. Es gibt wirklich gute Züchter, die ihr Bestes geben, schwere Entscheidungen treffen und trotz aller Kosten und Herzschmerzen auch weiterhin verantwortungsvoll entscheiden, aber sie erfahren nicht sehr viel Beachtung. Manche Menschen sprechen so, als ob »züchten« angesichts der hohen Zahl an im Tierheim sitzenden Hunden geradezu ein schlechtes Wort sei. Wir wissen aber aus der Forschung, dass diese Hunde meisten halbwüchsige oder ältere Hunde sind, die keinen verantwortungsvollen Züchter hatten, der sie zurückgenommen hätte, als es Probleme gab. Gute, verantwortungsvolle Züchter und gut informierte Welpenkäufer können in hohem Maße verhindern helfen, dass die Hunde überhaupt erst im Tierheim landen.

Also auf ihr Wohl: Auf die Menschen, die wissen, dass das Züchten von Hunden, die mit sehr hoher Wahrscheinlichkeit niemals jemand verletzen werden, die wichtigste Sache der Welt ist. Auf die Menschen, die wissen, dass Training und Konditionierung zwar eine Million Probleme lösen können und das auch tun, es aber am Besten ist, es von Anfang an richtig zu machen – mit einem guten Satz Gene, der das Training eher wie Rudern mit anstatt gegen die Strömung sein lässt.

Aggression ist nicht einfach, weil Verhalten nicht einfach ist. Einfach ist dagegen, dass wir nicht so viel tun, wie wir tun könnten, um freundliche Hunde zu züchten. Es stimmt, dass das Züchten großer Kampfhunde schrecklich falsch ist. Aber genauso stimmt es auch, dass das Züchten und Auswählen von Welpen ohne genügende Berücksichtigung der Freundlichkeit ebenso falsch ist. Das Thema »gefährliche Hunde« betrifft nicht nur die anderen. Es betrifft auch uns. Autsch.

Training im Wirklichen Leben

Können Sie gegen die Natur Ihres Hundes ankommen?

Wie stark sind die rassemäßigen Veranlagungen eigentlich wirklich? Kann man einem Spaniel beibringen, auch dann noch auf Befehl zu kommen, wenn direkt vor seiner Nase eine Wildgans aus dem Schilf auffliegt? Wie hoch sind die Chancen, einen als Herdenschutzhund geborenen Komodor zum Gastgeber einer »Nachbarschaftsparty« für einen Haufen fremder Hunde zu machen? Anders gesagt – wie oft und wie gut kann Training (oder die Umwelt) die Genetik (oder die Natur) übertrumpfen? Die Antwort? Weiß keiner. Zumindest nicht, bevor man es nicht versucht hat.

Natürlich können wir alle recht gute Vermutungen treffen. Können Sie Ihrem

Yorkie beibringen, einen Bullen auf einen LKW zu treiben? Vermutlich nicht. Wäre Ihr halbwüchsiger Border Collie der perfekte Hund für ein älteres, körperlich eingeschränktes Ehepaar, das in der Stadt lebt? Gut. Ich nehme es zurück. Wir können es, zumindest manchmal.

Aber nicht immer. Die Rasse eines Hundes zu kennen mag es uns ermöglichen, Voraussagen zum Verhalten eines Individuums zu treffen, aber ich habe jede Menge Labradors kennengelernt, die nicht apportieren wollten und jede Menge Greyhounds, die nicht rennen wollten. In genetischem Sinne wissen wir natürlich genug über Hunderassen, um Größe, Körperbau und Verhaltenstendenzen eines Einzeltiers ziemlich gut vorhersagen zu können. Immerhin ist es genau das, was Rassen ausmacht – Rassen sind nur Unterkategorien aller möglichen genetischen Kombinationen innerhalb der Gruppe von Tieren, die wir Hunde nennen. Diese möglichen genetischen Kombinationen haben allerdings ihre Grenzen. Ihre größtmögliche Ausdehnung wird von der Spezies bestimmt, die wir *Canis lupus familiaris* nennen. Wir erwarten von Hunden nicht, dass sie fliegen können, unter Wasser leben oder sich in Schmetterlinge verwandeln können, weil wir alle wissen, dass Hunde vierbeinige Säugetiere sind, die so ähnlich aussehen und sich so ähnlich verhalten wie Benji oder Rin Tin Tin.

Wir wissen auch, dass Spaniels zu besonderem Interesse an Vögeln und Kleinwild neigen, dass Terrier gerne graben und dass Retriever gerne ... sie wissen schon. Die Antwort auf die Frage, ob Training angeborenes Verhalten übertrumpfen kann oder nicht, ist also zugleich wunderbar einfach und furchtbar kompliziert. Das Wissen um den genetischen Hintergrund eines Tieres ermöglicht es uns einerseits, eine Wahrscheinlichkeit festzustellen, so ähnlich wie eine Wettervorhersage. »Mit 70 %iger Wahrscheinlichkeit heute Regenschauer« heißt noch nicht, dass es heute wirklich regnet. Es heißt nur, dass es wahrscheinlicher ist, dass es regnet als dass es nicht regnet. Ob Sie diese Vorhersage berücksichtigen und einen Regenschirm mit zur Arbeit nehmen hängt von vielen Faktoren ab: Hat es letzte Woche jeden Tag geregnet? Wie sehr vertrauen Sie der Vorhersage? Und vielleicht am wichtigsten – was passiert, wenn es regnet und Sie nicht darauf vorbereitet sind? Fahren Sie sofort nach der Arbeit nach Hause und gehen mit Ihren Hunden spazieren, denen es völlig egal ist, wie Sie aussehen? Oder werden Sie eine wichtige Rede im Fernsehen halten?

Mit dem Verhalten unserer Hunde ist es ein ähnlicher Prozess. Kann Ihr Deutsch Kurzhaar lernen, ausnahmslos zuverlässig auf Zuruf zu kommen, wenn Sie beide im Wald spazieren gehen? Nun ja, es kommt drauf an. Seine Rasse ermöglicht uns die erste Prognose – Deutsch Kurzhaar wurden zu wesentlich mehr Selbstständigkeit gezüchtet als Retriever oder Border Collies, weshalb es für niemanden überraschend ist, dass der Rückruf bei ihnen im Allgemeinen schwieriger zu trainieren ist als bei einem Hund, der darauf gezüchtet wurde, an Ihrer Seite zu arbeiten.

Trotzdem sind Hunde innerhalb einer Rasse keine Klone. Die meisten Deutsch Kurzhaar zittern schon allein bei dem Gedanken daran, einem Schwarm Wachteln nachjagen zu können, vor Aufregung, während es aber auch immer ein paar gibt, die das Rasseportrait nicht gelesen haben. Das trifft für alle Rassen zu. Nicht alle Greyhounds sind verrückt aufs Hasenjagen und nicht alle Border Collies hüten zwanghaft die Hauskatze. Innerhalb einer Rasse gibt es erhebliche Variationen, und das genetische Erbe jedes Individuums schafft Verhaltensprädispositionen, die in manchen Fällen stärker und in anderen schwächer sind.

Bislang haben wir zwei Faktoren, die uns Vorhersagen über das Verhalten eines Hundes ermöglichen: Der erste ist seine Rasse (oder der Rassemix, soweit wir ihn kennen) als ein Indikator für die genetische Prädisposition, sich auf eine bestimmte Weise zu verhalten, und der zweite ist seine spezifische Persönlichkeit. Beide spielen große Rollen im Verhalten jedes Hundes und können uns viel darüber sagen, ob Training eine ererbte Neigung zum Aufstöbern von Vögeln, zum Hüten von Vieh oder zum Umgraben des Gartens übertrumpfen kann oder nicht.

Aber auch ein dritter Faktor muss berücksichtigt werden, wenn man fragt, ob ein Hund für eine bestimmte Sache trainiert werden kann. Dieser Faktor sind Sie. Wie viel Zeit können Sie der fraglichen Übung widmen? Wie wichtig ist es für Sie? Wie gut sind Sie als Trainer? Die Antworten auf diese Fragen müssen dagegen abgewägt werden, wer Ihr Hund ist, was er gerne tut und wie gerne er es tut. Diese Fragen ehrlich und objektiv zu beantworten wird viel dazu beitragen, entweder den Job zu erledigen oder Frustration und Misserfolg zu vermeiden.

Wenn man von Misserfolg spricht, gibt es noch einen weiteren entscheiden-den Faktor, der unbedingt in die Mischung mit hinein muss. Welche Konse-quenz hat es, wenn die Dinge nicht nach Plan verlaufen? Was, wenn Ihr unan-geleinter Greyhound sich trotz intensiven Spezialtrainings vergisst und hinter einem Kaninchen hersprintet?

Vergleichen Sie die Folgen, die es hat, wenn Ihr Hund Ihnen auf einer klei-nen, fest umzäunten Wiese abhaut mit denen, wenn er es in der Nähe einer sechsspurigen, dicht befahrenen Autobahn tut. Stellen Sie sich nun vor, die Chance, dass Ihr Hund nicht hört, sei in beiden Fällen gleich, sagen wir ein-mal 5 %. Es ist der gleiche Hund mit der gleichen Persönlichkeit und dem gleichen Training. Wenn Sie sich entscheiden müssten, in welcher der beiden Situationen Sie den Hund lieber angeleint lassen, wäre die Wahl sicher offen-sichtlich – und sie hat einzig und allein mit den Folgen zu tun, die es haben wird, wenn wir die Wette verlieren.

Ich kann Ihnen dies hier erzählen: Meine Pyrenäenberghündin Tulip ließ ich außerhalb unserer Farm nie von der Leine. Ob es möglich gewesen wäre, ihr einen zuverlässigen Rückruf anzutrainieren, der auch dann funktioniert hätte, wenn ein Reh direkt vor uns aufgesprungen und ins Dickicht geflohen wäre? Sie haben es erraten – ich weiß es nicht. Was ich allerdings weiß, ist, dass die Erfolgschance so klein war, dass es für mich das Risiko, die Zeit und die Mühe nicht wert war, es herauszufinden. Ich wusste, dass die Chancen auf-grund ihrer Genetik erheblich gegen mich standen. Ich hatte schon genug damit zu tun, sie von einem Sprint quer über die Straße abzuhalten, wenn ich von unserem Haus zum Stall ging.

Andererseits gehe ich mit meinen Border Collies leinenlos über weite Stre-cken offenen Landes, weil in diesem Fall Genetik und Training auf meiner Seite sind. Ich habe hart daran gearbeitet, dass sie auf Zuruf kommen, ich beobachte sie genau und lasse sie nicht zu weit von mir weglaufen. Wenn sie noch jung sind, bringe ich ihnen bei, dass sie besser immer ein Auge auf mich behalten, weil ich sonst einfach verschwinden könnte. Und hey, lassen Sie uns ehrlich sein: Sie sind Border Collies, und diese Rasse ist berühmt dafür, dass man sie so leicht trainieren kann. Und trotzdem trifft es auch zu, dass die Border Collies, die ich hatte, enorm unterschiedlich darin waren, wie leicht man ihnen einen hundert Prozent zuverlässigen Rückruf antrainieren konnte.

Ich brauchte über ein Jahr, bis ich Pippy Tay das Kommen auf Zuruf beigebracht hatte – und zwar beim ersten Rufen und auch dann, wenn ein Reh vor
uns aus den Büschen hüpfte. Lassie dagegen musste ich glaube ich überhaupt
nicht trainieren – was übrigens auch der Grund dafür ist, warum ich sie Lassie
nannte. Meine Pyrenäenberghündin Tulip, gelobt sei ihre zottelige weiße
Seele, war ein Herdenschutzhund, jahrhundertelang dazu gezüchtet, unabhängig vom Menschen zu arbeiten und die Situation selbst in die Hand zu nehmen, ohne auf menschliche Unterstützung zu warten. Außerdem war sie nun
einmal einfach Tulip und sehr verschieden von Bo Peep, meiner ersten
Pyrenäenberghündin, die genauso zufrieden damit war, bei mir oder den
Schafen zu bleiben wie Tulip zu Geländeausflügen inspiriert war.

Während ich dies so schreibe überlege ich, ob ich die zu Beginn gegebene
Antwort nicht vielleicht umformulieren muss. Wenn mich das nächste Mal
jemand fragt, ob Training das Verhaltenserbe seines Hundes übertrumpfen
kann, werde ich antworten: »Ich weiß nicht – es kommt darauf an.« Das mag
so an sich nicht sehr hilfreich klingen, aber wenn Sie wissen, wovon es
abhängt – von der Genetik Ihres Hundes, seiner Persönlichkeit, Ihrer Trai-
ningsgeschicklichkeit und Zeit und den Konsequenzen im Fall von Misserfolg – werden Sie eine Antwort bekommen, die Ihnen gute Dienste leisten
wird.

Letzte Worte

Zuhause ist da, wo man sich wohlfühlt

Zufriedenheit ist eine komplexe Sache

Sie kam an dem Abend, als mein Mann sagte, dass er mich verlassen würde. Eine kleine Border Collie Hündin mit zierlichen Pfoten. Lassie kam spät am Abend in ein Haus, in dem es still geworden war. Ich band sie neben meinem Bett an und lag die ganze Nacht lang mit einer Hand auf ihrem weichen Rücken da. Patrick lag in seiner eigenen Welt, von mir und Lassie weggedreht auf der anderen Seite des Ozeans unseres großen Bettes.

Lassie und ich schliefen unruhig und gaben einander die ganze Nacht lang etwas Sicherheit. Am Morgen brachte ich sie zusammen mit den anderen Hunden nach draußen. Sie blieb auf mich und die anderen Hunde fixiert, weshalb ich sie von der Leine ließ und ihr erlaubte, über Land zu flitzen, hinter meinem Rudel her, das begeistert irgendeinem überraschten kleinen Tier hinterherlief. Ich habe keine Ahnung, was mich dazu bewog, ihren Namen zu rufen, als sie von mir weglief, aber ich tat es. »Lassie«, rief ich, »Lassie, komm!« Es war absurd, zu glauben, dass ein Hund, den ich kaum kannte, in dieser Situation gehorchen könnte und ich erinnere mich, dass ich mich in Gedanken selbst für diesen Versuch auslachte. Vielleicht ist das der Grund, warum ich das Bild ihrer Reaktion immer noch in meinem Kopf sehe – einen praktisch wie eingefroren mitten in der Luft hängenden kleinen, schwarz-weißen Hund, der sein Vorderteil zu mir herumwirbelte, während das Hinterteil noch nach vorn weiterlief. Sie kam so schnell zu mir gerannt, wie sie von mir weggerannt war und kam schlitternd, wie ein Comichund grinsend vor meinen Füßen zum Stehen.

Ich wollte sie eigentlich nur für ein paar Wochen behalten. Sie war die Tochter meines Rüden Luke und war vom Züchter an eine Frau verkauft worden, die letzten Endes alleine mit drei kleinen Kindern in der Stadt landete. Für einen Border Collie ein guter Ort, um zu verderben. Wenn Sie es nicht mögen, beim Nachhausekommen in Jeans zu steigen und dann stundenlang draußen auf Ihrem fußballfeldgroßen Grundstück unterwegs zu sein, schaffen Sie sich keinen Border Collie an. Schlaue, energiegeladene Hunde, die sich langweilen, finden immer etwas zu tun – und in der Regel ist es nichts, was Sie sich wünschen. Gemäß diesem Motto brachte Lassie ihre Besitzerin mit Buddeln, Bellen und Recyceln der Kinderspielsachen an den Rand des Wahnsinns. Die Frau mochte Lassie wirklich gern, konnte aber mit ihrem Verhalten nicht umgehen und stimmte deshalb zu, sie an den Züchter zurückzugeben, damit sie eine zweite Chance bekommen sollte. Ich hatte zugesagt, Lassie so lange in Pflege zu nehmen, wie der Züchter auf Hochzeitsreise war. Danach wollte er sie zurücknehmen und wir hatten vor, gemeinsam ein gutes neues Zuhause für sie zu suchen.

An jenem ersten Morgen schien Lassie ein wenig ruhelos zu sein. Sie legte sich hin, stand wieder auf und blieb nie lange an einem Platz. Ganz ohne Frage war sie ein wenig ängstlich. Aber sie spielte gern, schlabberte ihr Abendessen mit Appetit und beteiligte sich wie ein Profi am Schafehüten. In der zweiten Nacht schlief sie gut, und am dritten Tag hätte man meinen können, sie sei hier auf der Farm aufgewachsen. Ich rief den Züchter an und fragte, ob wir den Teil »ein neuen Besitzer finden« aus unserer Vereinbarung streichen könnten. Heute, dreizehn Jahre später, ist sie immer noch hier und wärmt meine Füße, während ich dies hier schreibe.

Lassies erste Besitzerin hatte sich entschieden, sie nicht zu behalten, und das war die verantwortungs- und liebevollste Entscheidung, die sie treffen konnte. Einen Hund wegzugeben kann ein enorm schmerzhafter Prozess sein. Als Verhaltensberaterin und Seminar-Referentin treffe ich oft Menschen, die sehr unter der Frage leiden, was sie mit einem bestimmten Hund tun sollen. Vielleicht hat eine Hündin einer anderen Hündin im Haus den totalen Krieg erklärt. Vielleicht geht es um einen Hund, der sich erwachsenen Menschen gegenüber ganz wunderbar verhält, aber vor kleinen Kindern Angst hat – und die Besitzerin ist schwanger. Oft ist es ein Hund wie Lassie – ein Würfel, der durch ein rundes Loch zu passen versucht und dabei alle Beteiligten verrückt macht.

Es gibt viele Dinge, die es schwierig machen, ein neues Zuhause für einen Hund zu finden. Neben dem reinen, schneidenden Kummer über den bevorstehenden Verlust bestehen auch berechtigte Zweifel daran, ob man das richtige Zuhause finden wird. Ich weiß das nur zu gut. Ich erinnere mich an die schlaflosen Nächte, die ich hatte, als ich dabei war, einen Border Collie namens Scott wegzugeben und machte mir ständig Sorgen, ob ich nicht vielleicht das falsche Zuhause für ihn ausgesucht hätte und ihn in eine Art Hundehölle schicken würde.

Es stellt sich aber auch noch eine andere Frage, wenn gute, verantwortungsvolle Besitzer über das Weggeben ihres Hundes nachzudenken beginnen, und sie ist meiner Meinung nach die schwierigste. Wir empfinden das Weggeben unseres Hundes als Verrat. Verraten zu werden ist eine so ursprüngliche, durchdringende Angst, dass sie eine Eigendynamik entwickeln kann.

Was könnte schlimmer sein, als das eigene Kind zu verkaufen? Welche Handlung ist schrecklicher als die, einen Freund zu verraten und ihm dann den Rücken zuzudrehen? Familienloyalität ist in unserer Gesellschaft ein sehr starkes Gefühl, und vermutlich sind Ihre Hunde für Sie ein Teil der Familie. Alle verantwortungsvollen Hundebesitzer sind sich der tatsächlichen Verrate, die Menschen Hunden gegenüber verüben, schmerzhaft bewusst. Hunde werden geschlagen, hungern gelassen, ausgesetzt und gequält, und die Retter in uns verspüren nur zu oft den übermächtigen Drang, solche Horrordinge kompensieren zu wollen.

Aber einen Hund wegzugeben, dessen Bedürfnisse Sie nicht erfüllen können, ist nicht etwa schlecht, sondern großherzig und freundlich. Eine meiner Kundinnen übernahm einen Hütehund aus dem Tierheim, in dem sie arbeitete, aber innerhalb weniger Wochen entwickelte er leider ein schweres Aggressionsproblem. Nachdem ich mehrere Stunden lang mit beiden gearbeitet hatte, war mir klar, dass der Hund sich nie an das Leben in einer kleinen Stadtwohnung anpassen konnte. Er war in engen Räumen so angespannt, dass er kaum atmen konnte. Obwohl seine Besitzerin ihn ehrlich liebte und gewillt war, seine Probleme zu lösen, konnte doch all ihre Liebe, ihre Zeit und ihr Geld seine Sehnsucht nach weitem, offenem Land nicht wettmachen. Heute geht es ihm wunderbar – raus aus der Stadt und frei wie ein Vogel in einem Rudel rundum fröhlicher Hunde, weil seine Besitzerin tapfer eingesehen hatte, dass ihre Verantwortung nicht darin lag, ihn für immer zu behalten, sondern darin, seine wahren Bedürfnisse zu erkennen und sie ihm zu erfüllen.

Alle Hunde brauchen ein Dach über dem Kopf, Pflege und Liebe, aber darüber hinaus ist jeder Hund anders. Man sollte meinen, dass fünf Hektar Land, eine Herde Schafe und ein freundlicher, professioneller Hundetrainer als Besitzer das perfekte Zuhause für einen Border Collie sein müssten, aber das ist nicht immer so. Mein Border Collie verlangte verzweifelt danach, ernsthaft Schafe »im Hauptberuf« hüten zu dürfen, nicht als Hobby. Er hasste all die Veränderungen und Aufregungen, die es ständig auf meiner Farm gab. Scott zog auf einen einsam gelegenen Hof mit Hunderten von Schafen um, wo man einen ernsthaften und engagierten Hund brauchte, der täglich viele Stunden lang arbeiten konnte. Als ich von seinem neuen Zuhause wegfuhr, weinte ich so sehr, dass ich am Straßenrand anhalten musste. Aber Scott fand sich sehr schnell in das Leben ein, das er sich immer gewünscht hatte und innerhalb weniger Tage waren sowohl er als auch ich von seinem Zuhause begeistert. Ein anderer meiner Hunde, Kit, hütete Schafe so, als ob sie Billard spielen würde – sie rannte geradewegs auf die Herde zu, bis die Schafe auseinanderstoben und blieb dann stocksteif in der Mitte stehen, ratlos darüber, was als Nächstes zu tun sei. Kit mag einige der besten Hütehundgene des Landes in sich haben, aber sie hat genauso wenig natürliches Talent zum Schafehüten wie ein Bichon Frisé. Zu dieser Zeit brauchte ich aber unbedingt einen guten Hütehund, und es wäre unfair gewesen, so viel Druck auf einen Hund auszuüben, der kein Interesse am Schafehüten und keine natürliche Begabung dafür zeigte. Kit wurde der heißgeliebte Haushund und Agilitystar einer lieben Freundin und hat dort ein weit besseres Leben, als sie es hier je gehabt hätte.

In manchen Fällen hilft noch so viel Training, Konditionierung und Können nicht, wenn die äußeren Bedingungen und das Innere eines Hundes auseinanderklaffen. Deshalb muss es nicht verräterisch sein, das passende Zuhause für einen Hund zu finden, genauso wenig wie es irgendetwas mit Versagen von Ihrer Seite zu tun haben muss. In meinem zweiten Lebensjahrzehnt zog ich innerhalb von acht Jahren zwölf Mal um und lernte dabei viel. Eins der Dinge, die ich lernte, war, dass es sich an manchen Orten leichter glücklich sein lässt als an anderen. Heute habe ich mich auf meiner kleinen Farm in den Hügeln von Südwisconsin fest niedergelassen, und selbst nach den fantastischsten Ferien wird mein Herz weit, wenn ich zu den sanften Hügeln und Wäldern meines kleines Tals nach Hause komme. Ich statte der Lebendigkeit brummender Städte sehr gerne Besuche ab, könnte aber niemals für längere Zeit dort leben. Ich darf mir gar nicht vorstellen, welche Verhaltensprobleme ich entwickeln würde, wenn ich zum Leben fern meiner geliebten Ländlichkeit gezwungen wäre. Und auch Lassies Verhaltensprobleme fielen nach nur wenigen Wochen auf der Farm von ihr ab wie ein Winterfell im Frühling. Ich musste sie weder umerziehen noch einen komplizierten Therapieplan entwickeln. Es war so, als ob ihre Seele sich einfach in das offene Land um sie herum ausdehnte, und innerhalb weniger Tage war sie so ruhig und zufrieden, als ob sie ihr ganzes Leben lang hier gewesen wäre. »Zuhause ist da, wo das Herz ist«, sagt man im Englischen, aber das heißt noch lange nicht, dass man sein Herz irgendwo hinwerfen und dort glücklich werden kann, wo es zufällig landet. Wir alle, sowohl Hunde als auch Menschen, brauchen einen Ort, an dem wir sein dürfen, wie wir wirklich sind – nicht, wie andere uns gerne hätten.

Einen Hund wie einen Obstkuchen herumzureichen kann natürlich furchtbaren Schaden anrichten. Die meisten Hunde werden leiden, wenn ihr jeweiliges Zuhause unter ihnen weggleitet wie Sand im Wind. Wichtig zu wissen ist, was Ihr Hund braucht, und wenn dann klar ist, dass Sie ihm das nicht bieten können, ist es wichtig, den Mut und das Vertrauen zu haben, genau das für ihn zu finden. Was ein Hund braucht, kann bei jedem anders sein, und diese individuellen Anforderungen müssen sorgfältig berücksichtigt werden. So gibt es zum Beispiel viele Hunde, denen es in diesem Fantasiegebilde von »gutem Zuhause auf dem Land« schlechter anstatt besser ging.

Es ist eine wahre Liebestat, dieses angsteinflößende Unterfangen, fruchtbaren Boden für die Seele Ihres Hundes zu finden. Das ist der Punkt, an dem Ihr Wissen und Ihr Können entscheidend werden, genau wie in dem Moment, an dem Sie Ihren Sohn oder Ihre Tochter in die Schule schicken. Stimmt, es ist eine große Verantwortung, die wir da zu tragen haben. Aber wenn es wirklich nötig wäre, würden Sie Ihren Hund nicht mehr verraten, wie Sie Ihr Kind verraten würden, wenn Sie an seiner Hochzeit fröhlich wären und feiern würden. Schließlich wechseln auch wir Menschen von einer Familie in eine andere, verlassen irgendwann unser erstes Zuhause und leben uns in einem neuen ein, wenn wir zu Erwachsenen heranreifen.

Vor Jahren verließ mein Mann Patrick unser gemeinsames Haus, wenige Tage nachdem Lassie gekommen war, und eine Zeitlang dachte ich, es würde mir das Herz brechen. Aber auch der düsterste Winter führte trotzdem wieder zu einem Frühling und heute fühlt sich diese traurige Zeit lange her und weit weg an. Patrick und ich sind nun gute Freunde und beide glücklicher als zuvor. Er hat nur eben ums Eck ein Haus gebaut. Morgen werden wir zusammen mit den Border Collies spazierengehen – ich mit meinen Hunden und er mit seiner Tess, Lassies Tochter, der die Liebe ihrer ersten Besitzerin es ermöglicht hat, endlich wirklich nach Hause zu kommen.

ÜBERGANGSRITUALE

Den Verlust eines geliebten
Hundes verarbeiten

Tulip war im Tod genauso schön, wie sie im Leben gewesen war. Ihr langes, weißes Fell lag über ihrem alten, dünnen Körper wie eine flauschige Decke. Ihre Augen waren friedlich geschlossen und sie sah aus, als ob sie jeden Moment aufwachen und ihren riesigen, weißen Kopf auf meinen Schoß legen würde, um sich Streicheleinheiten abzuholen.

Tulip starb im bewundernswerten Alter von zwölf Jahren und zehn Monaten, eine legendäre Lebensspanne für einen Pyrenäenberghund. Aber es soll hier nicht um Tulip gehen, obwohl sie wie viele unserer Hunde verdient hätte, dass eine ganze Nationalbibliothek über sie geschrieben würde. Vielmehr möchte ich darüber schreiben, wie wir mit dem Verlust unserer geliebten Hunde umgehen, und insbesondere darüber, wie man die Stunden unmittelbar nach deren Tod am besten überstehen kann.

Hier mein Rat: Wenn Sie können, verbringen Sie etwas Zeit mit dem Körper Ihres Hundes, nachdem er gestorben ist. (Meine Mutter hatte Sterben immer »nach oben gehen« genannt, und ich werde ewig dankbar dafür sein, wie dieser unbeschwerte Ausdruck die Sache erhellt.) Für manche Menschen kann es zu hart sein, neben dem toten Körper zu sitzen, und wenn das bei Ihnen so ist, sollten Sie es auch nicht tun. Der Umgang mit Tod und Sterben ist eine zutiefst persönliche Sache und man kann unmöglich sagen, was für jemand anderen das Beste sein wird. Aber die Sache ist die: Eine Weile bei dem toten Körper zu bleiben schafft einen Übergang zwischen dem von den Geräuschen und Aktionen eines lebenden Hundes erfüllten Haus und einem in seiner völligen Abwesenheit ganz ruhig und still gewordenen Haus.

Tulip lag nach ihrem Tod die ganze Nacht lang auf dem Wohnzimmerboden. Ich weiß nicht, wie oft ich neben ihr saß und ihr über den Kopf streichelte oder mich neben sie legte und den Duft ihres Fells einatmete. Tulip war da, aber natürlich war sie auch nicht da. Übrig geblieben war eine Brücke, auf der ich zwischen *Tulip hier* und *Tulip weg* hin- und hergehen konnte. Es war nicht leicht und ich muss den Lesern dieses Buches nicht erklären, wie tief der Schmerz sein kann, wenn wir einen geliebten Hund verlieren. Aber es half. Es half.

In unserer Industriegesellschaft haben wir vergessen, wie wichtig das Ritual der Vorbereitung des Leichnams auf die Beerdigung einmal war. Es waren keine Fremden, die dies taten, sondern die Familie erbrachte diesen letzten liebevollen Dienst – ein endgültiger Weg, um seinen Respekt zu zeigen und Abschied zu nehmen. Und auch wenn wir die Körper unserer geliebten Menschen heute nicht mehr waschen und einhüllen, haben wir doch nicht ganz vergessen, wie wichtig der tote Körper für die Lebenden ist. Schauen Sie nur einmal, was wir alles in Bewegung setzen, um die sterblichen Überreste eines im Meer Ertrunkenen wiederzufinden. Hunderttausende Dollar können ausgegeben werden, nur um einen Leichnam nach Hause zur Familie zurückzubringen und niemand beschwert sich über die Kosten. Wir wissen instinktiv, wie wichtig es ist, körperlichen Kontakt zum Leichnam eines geliebten Menschen zu haben. »Closure«, Abschluss, nennen wir es im Englischen.

Ich frage mich, ob auch Hunde einen solchen Abschluss brauchen. Die Körper meiner verstorbenen Hunde habe ich nicht nur um meinetwillen über

Nacht in meinem Haus »aufgebahrt«, sondern auch für meine anderen, noch lebenden Hunde. Auf die Idee dazu brachten mich die Berichte von Andy Beck, einem Pferdemann aus Neuseeland. Er erzählte, dass Stuten, die eine Weile beim Körper ihres toten Fohlens bleiben konnten, den Verlust besser verarbeiteten als die, denen das nicht möglich war. Ich hatte Kunden, deren Hunde am Fenster darauf warteten, dass der andere Hund vom Tierarzt nach Hause kam – wochen- und monatelang, und in einem Fall sogar jahrelang. Vielleicht ist es tatsächlich auch für unsere Tiere wichtig, Abschied nehmen zu können.

Nicht alle Hunde verhalten sich allerdings so, als ob sie den toten Körpern ihrer Hausgenossen Respekt entgegenbringen würden und erst recht nicht so, als ob sie etwas so Komplexes wie den Tod verstehen würden. (Auch kleinen Kindern fällt die Vorstellung schwer und sie sagen Sachen wie »Ich weiß, dass Papa tot ist, aber wann kommt er nach Hause?«) Manche Hunde scheinen dem Körper eines ehemaligen Mitbewohners überhaupt keine Aufmerksamkeit zu schenken, und die Hunde, die es doch tun, können sehr verschieden reagieren. Vor Jahren hatte mein Rüde Luke den toten Körper seiner Freundin Misty die ganze Nacht lang ignoriert, bis ich ihn am Morgen dazu brachte, einmal an ihr zu schnüffeln. Ich werde den darauf folgenden Ausdruck in seinen Augen nie vergessen – er schrak zurück und schaute mich mit riesengroß aufgerissenen Augen direkt an. Er schien völlig geschockt zu sein. Seine Nichte Pip dagegen hatte Mistys Körper gleich nach deren Tod mehrfach umkreist und sich dann mit einem tiefen Seufzer direkt neben sie gelegt. Sie lag mehrere Stunden lang da und stand den größten Teil der Nacht nicht auf.

Als Tulip vor nicht so langer Zeit starb, rollte sich die vierzehn Jahre alte Lassie zu einer steifen Kugel zusammen, die Angst und Anspannung ausstrahlte. Sie legte sich neben Tulips Körper und begann, an der unter ihr liegenden Decke zu saugen und sie mit den Pfoten zu bearbeiten. Der junge, etwa achtzehn Monate alte Will beschnüffelte den Körper wie ein ängstliches Pferd. Zurückgelehnt und jederzeit bereit zur Flucht atmete er mehrere Momente lang tief und geräuschvoll ein. Dann drehte er sich weg, fand ein Spielzeug und ignorierte Tulip für den Rest der Nacht. Ich habe keine Ahnung, was in den Köpfen der beiden Hunde vorging, aber trotzdem ... es fühlt sich für mich einfach richtig an, die Tiere des Hauses den Körper eines verstorbenen Hundes sehen und untersuchen zu lassen. Immerhin kann es nicht schaden und es scheint intuitiv richtig zu sein, dass es helfen könnte.

Wir begruben Tulip auf einer nahe gelegenen Anhöhe, von wo aus sie immer die Kojoten verbellt hatte, wenn sie die Frühlingslämmer bedrohten oder wo sie sich im kühlen Schnee gewälzt hatte. Wir umgaben ihren Körper mit den Hunderten von Tulpen, die unsere Freunde uns am Nachmittag ihres Todes gebracht hatten. Als Besucher kamen, um Tulips Leben zu gedenken und es zu feiern, war es ganz so, als stünde sie auf ihren Hinterbeinen und würde ihre Aufmerksamkeit wie eine echte Diva genießen. Wir erzählten uns gegenseitig Geschichten von dem Tag, als sie einmal fast in einem Schneesturm gestorben war, weil sie unter Baumstämmen am Rand einer Klippe eingeklemmt gewesen war. Ich berichtete von dem Tag, als ich sie zum ersten Mal sah und den Züchtern erklärt hatte, dass sie die einzige Hündin des Wurfes sei, die ich ganz sicher nicht nehmen würde. Oh ja, sie war diejenige, die mein Herz erobert hatte – das war innerhalb der ersten fünf Minuten klar –, aber sie war auch diejenige, die ich nicht mitnehmen konnte, weil sie viel zu aktiv und verspielt war, um ein guter Herdenschutzhund für meine Schafe zu werden. Letzten Endes hatte ich sie doch. Ich Glückspilz.

Ich weiß, dass sie immer noch da ist und genauso sehr ein Teil der Farm ist wie die wilden Apfelbäume oben auf dem Hügel und wie die rosafarbenen Wolken bei Sonnenuntergang. Ein paar Monate nach ihrem Tod hatten sich die Tulpen, die wir im Herbst auf ihr Grab gepflanzt hatten, über die ganze Wiese verbreitet – voller Leben und Farbe. Wie wunderschön, sie anzusehen.

»Nur ein Familienhund«

Die wertvollsten Hunde von allen

Nur ein Familienhund«. Wie oft haben Sie das schon jemanden sagen hören? Vielleicht kamen die Worte von einem Ausstellungsrichter, der gerade beurteilt hat: »Dieser Welpe hat keine gute Oberlinie, er kann *nur als Familienhund* verkauft werden.« Vielleicht haben Sie auch schon einen dieser Artikel darüber gelesen, wie sehr wir unsere Haustiere lieben: »Es ist bemerkenswert, wie viel Geld die Amerikaner jedes Jahr *nur für Haustiere* ausgeben.« Auch Haustierhalter sprechen so – fragen Sie nur mal einen Tierarzt, der nur zu oft hört: »Wir mögen unseren kleinen Cocker Spaniel wirklich gern, er macht uns viel Freude, aber wir können es uns nicht leisten, ihn kastrieren zu lassen. Er ist ja *nur ein Haustier*.«

Ich halte mich selbst gern für eine verhältnismäßig geduldige Person, aber ich verliere die Geduld, wenn ich diese Worte höre. Wahrscheinlich liegt das an meiner Tätigkeit. Ich habe fast zwanzig Jahre lang mit Menschen gearbeitet, deren Haustiere ihnen entweder Freude, Entspannung und Liebe geben oder aber Angst, Frustration und Schmerzen. Es kann sein, dass ich an ein und demselben Tag einen Kunden sehe, dessen Hund das Kind vom Überqueren der stark befahrenen Straße abgehalten hat und einen anderen, dessen Hund jemand das Gesicht verstümmelt hat. All das vom Familienhund – einem Wesen, das im Großen und Ganzen von der Gesellschaft mit gemischten Gefühlen betrachtet wird. Auf der einen Seite versorgen viele von uns ihre Hunde mit erheblichem Luxus sowie der Art von sozialer und emotionaler Vertrautheit, wie wir sie normalerweise nur Familienmitgliedern oder zumindest Mitgliedern der eigenen Spezies entgegenbringen. Auf der anderen Seite wurde Familienhunden – oder Begleithunden – nie die gleiche Bedeutung zugemessen wie Arbeitshunden.

Zum Teil rührt diese Ambivalenz natürlich vom offensichtlichen Wert eines Arbeitshundes her. Ein guter Hütehund ist immer noch durch keine Technologie ersetzbar und es existiert auch noch keine Maschine, die beim Suchen einer vergrabenen Bombe bessere Arbeit leisten könnte als ein ausgebildeter Suchhund. Der Wert von Hunden, die unsere Kinder trösten und unser Leben aufhellen können, liegt dagegen weniger auf der Hand. Sie haben keine eindeutige Arbeitsplatzbeschreibung und werden häufig mit metaphorischen Etiketten beklebt, die vage allgemeine Aussagen enthalten. »Süß, niedlich, sanfte Augen und weiches Fell. Sehr sozialverträglich (oder nicht). Sehr umgänglich (oder nicht). Aber es auf alle Fälle wert (siehe oben: »Süß, niedlich, sanfte Augen und weiches Fell«).

Im englischen Sprachraum lässt sich die Ambivalenz vielleicht auch durch die konditionierte Reaktion auf das Wort »pet« (Haustier) selbst erklären: Dieses Wort wurde erst in neuerer Zeit zur Bezeichnung von Haustieren verwendet, ursprünglich meinte es ein »verhätscheltes und verdorbenes Kind«. In der Mitte des 16. Jahrhunderts wurde »pet« für von Hand aufgezogene Waisenlämmer benutzt und schließlich übertragen auf »alle kleinen Tiere, die verwöhnt und verhätschelt wurden«.[7] Beachten Sie den Gebrauch der Worte »verdorben«, »verhätschelt« oder »verwöhnt« – Adjektive, die nicht unbedingt zu Bewunderung führen und ganz bestimmt keine Worte, die uns respektvolle Gefühle entlocken. Kein Wunder, dass viele von uns lieber den Begriff »companion dog« (Begleithund) benutzen, weil wir uns der negativen Konnotationen des Wortes »pet« bewusst sind.

---

[7] Aus *Pets in America* von Katherine C. Gier, einem faszinierenden Buch zur Geschichte der Haustiere in den USA.

Ich vermute, dass es noch einen weiteren Grund für das zwiespältige Verhältnis der Gesellschaft gegenüber Familienhunden gibt: Unser Unwohlsein angesichts der Gefühle, die sie in uns hervorrufen. Gefühle sind private und ursprüngliche Dinge und wir sind manchmal besser beraten, wenn wir sie für uns behalten. Für einen Sportler ist es nicht empfehlenswert, wenn ihm die Angst ins Gesicht geschrieben steht, während er auf einen Gegner zugeht. Tränen der Verzweiflung werden einen in der Firma nicht die Karriereleiter hochbringen. Und nun schauen Sie einmal, was Hunde mit uns machen. Sie legen unsere tiefsten Gefühle bloß und spielen mit ihnen, wie ein Terrier eine Ratte schüttelt. Hunde und Menschen sind nicht über ihre Seiten oder sogar ihre Herzen miteinander verbunden, sondern über ihr limbisches System, den ursprünglichsten Teil unserer Gehirne. Hunde machen uns schlicht und einfach verletzlich. Manchen Menschen macht das nichts aus, andere fühlen sich damit unwohl und sie reagieren, indem sie die Wichtigkeit von Familienhunden herunterzuspielen beginnen.

So ist es zumindest verständlich, dass der Wert von Familienhunden von der Gesellschaft im Allgemeinen häufig verkannt wird. Was mich überrascht, sind die Menschen innerhalb des »Hundezirkus« – Menschen, die Hunde lieben und ihnen einen Großteil ihres Lebens widmen. Eigentlich ist es doch diese Gruppe, zu der auch ich mich zähle, die sich des Wertes eines Hundes in der Familie bewusst sein müssten. Wir müssen Familienhunde als das wichtigste Produkt unserer Bemühungen in Zucht und Training betrachten. Bedenken Sie, was wir von unseren Familienhunden verlangen: bei wohlmeinenden Menschen leben, die möglicherweise wenig von Hunden verstehen oder davon, wie man mit ihnen kommuniziert, den verschiedensten Besuchern stets mit Anstand und guten Manieren begegnen, die für einen Hund interessantesten Dinge ignorieren (tote Eichhörnchen und Kuhfladen zum Beispiel) und seine Waffen stets brav hinter geschlossenen Lippen halten.

Dabei weiß ich den Wert eines guten Arbeitshundes mehr als so mancher andere zu schätzen. Letztes Jahr hatte ich eine Situation falsch eingeschätzt und mein Widder fand sich auf der vor meinem Haus vorbeiführenden Schnellstraße wieder. Wenn ich Lassie nicht gehabt hätte, die mit ihren dreizehn Jahren immer noch ein brillanter Hütehund war, hätte jemand zu Tode kommen können. Genauso wichtig sind gute, gesunde Welpen, die für eine Zukunft im Ausstellungsring vorgesehen sind – das Wissen und die Hingabe, die zur Schaffung von Qualität nötig sind, können nicht hoch genug gewürdigt werden.

Aber wir dürfen nie vergessen, welche Rolle der Familienhund in unserer Gesellschaft spielt und wir müssen klar erkennen, dass es kaum Wichtigeres geben kann als das Züchten von Hunden, die Freude und Zuneigung in ein Haus bringen. Eigentlich müssten »Familienhundewelpen« sogar *teurer* sein als andere, denn sie haben ganz bestimmt den wichtigsten Job von allen.

Preis eines Welpen aus guter Zucht mit dem Potenzial
für einen guten Hütehund?
Fünf- bis siebenhundert Dollar.

Preis eines potenziellen Ausstellungs-Champions?
Tausend bis fünftausend Dollar.

Wert eines Familienhundes, der Ihr Zuhause mit
Freude und Liebe bereichert?

Unbezahlbar.

Tipps zum Weiterlesen und -schauen

The Alex Studies, Irene Pepperberg. 2002, Harvard University Press.

Animals in Translation, Temple Gradin. 2005, Harcourt. (In deutscher Übersetzung erschienen unter: *Ich sehe die Welt wie ein frohes Tier.* 2006, Ullstein Verlag.)

Before and After Getting Your Puppy: The Positive Approach to Raising a Happy, Healthy and Well-Behaved Dog, Ian Dunbar. 2004, New World Library.

Canine Behavior Series: Body Postures and Evaluating Behavioral Health (DVD), Suzanne Hetts & Dan Estep. 2000, Animal Care Training.

Canine Body Language: A Photographic Guide, Brenda Aloff. 2005, Dogwise Publishing.

Don't Shoot the Dog, Karen Pryor. 1999, Bantam. (In deutscher Übersetzung erschienen unter: Positiv bestärken – sanft erziehen. 2006, Kosmos Verlag.)

Excel-Erated Learning, Pamela Reid. 1996, James & Kenneth.

For the Love of a Dog, Patricia McConnell. 2007, Ballantine. (In deutscher Übersetzung erschienen unter: *Liebst Du mich auch? Die Gefühlswelt von Hund und Mensch*. 2007, Kynos Verlag.)

Great Dog Adoptions, Sue Sternberg. 2002, Latham Foundation.

How Dogs Think, Stanley Coren. 2005, Free Press. (In deutscher Übersetzung erschienen unter: *Wie Hunde denken und fühlen*. 2005, Kosmos Verlag.)

How to Speak Dog, Stanley Coren. 2000, Fireside Books. (In deutscher Übersetzung erschienen unter: Die Geheimnisse der Hundesprache. 2002, Kosmos Verlag.)

Merle's Door, Ted Kerasote. 2007, Harcourt/HCT.

The Other End of the Leash, Patricia McConnell, 2002, Ballantine. (In deutscher Übersetzung erschienen unter: *Das andere Ende der Leine*. 2004, Kynos Verlag.)

Pack of Two: The Intricate Bond Between People and Dogs, Caroline Knapp. 1998, Delta/Dell Publishing.

Parenting Your Dog, Trish King. 2004, TFH. (In deutscher Übersetzung erschienen unter: *Hundekunde kinderleicht. Was Hunde- und Kindererziehung gemeinsam haben*. 2009, Kynos Verlag.)

Positive Perspectives 2: Know Your Dog, Train Your Dog, Pat Miller. 2008, Dogwise Publishing.

Raising Puppies and Kids Together, Pia Silvani & Lynn Eckhardt. 2005, TFH. (In deutscher Übersetzung erschienen unter: *Welpen und Kinder – So werden sie gemeinsam groß*. 2007, Kynos Verlag.)

Social Psychology, David Myers. 2005, McGraw-Hill.

The Truth About Dogs, Stephen Budiansky, 2001, Penguin.

Über die Autorin

Patricia McConnell, Ph. D., CAAB ist Ethologin und zertifizierte Tierverhaltenstherapeutin, die Hunde- und Katzenbesitzer über zwanzig Jahre lang beraten hat. Sie kombiniert gründliche Kenntnisse der wissenschaftlichen Verhaltenskunde mit Jahren praktischer Erfahrung. Ihre Radiosendung *Calling All Pets* zur Beratung von Tierhaltern lief in den USA vierzehn Jahre lang in über einhundert Städten. Sie schreibt als Kolumnistin zum Thema Verhalten in der Zeitschrift *The Bark* (dem »New Yorker der Hundemagazine«) und ist beratende Herausgeberin des *Journal of Comparative Psychology*. Sie ist Honorarprofessorin für Zoologie an der Universität von Wisconsin-Madison und lehrt »Die Biologie und Philosophie der Mensch-Tier-Beziehung«.

Dr. McConnell ist eine gefragte Referentin und Seminardozentin und tritt vor Trainerverbänden, Tierärztekongressen, akademischen Treffen und Tierheimen auf der ganzen Welt zum Thema Hunde- und Katzenverhalten auf. Stets bietet sie wissenschaftlich fundierte und humane Lösungen für ernste Verhaltensprobleme an. Sie hat elf Bücher über Hundeerziehung und Verhaltensprobleme geschrieben sowie die von der Kritik hoch gelobten Bücher *Das andere Ende der Leine – Was unseren Umgang mit Hunden bestimmt* und *Liebst Du mich auch? Die Gefühlswelt von Hund und Mensch*. Weitere Informationen finden Sie auf www.patriciamcconnell.com oder besuchen Sie ihren Blog auf www.theotherendoftheleash.com.

Danksagung

Als Erstes und vor allem bin ich Claudia Krawczynska und Cameron Woo dankbar dafür, dass Sie eine Zeitschrift gegründet haben, die sich Hunden, Kunst und gutem Schreiben verpflichtet. *The Bark* ist eine wunderbare Bereicherung unserer Kultur und ich bin stolz, für dieses Magazin schreiben zu dürfen. Ich möchte auch der Chefredakteurin von *The Bark,* Susan Tasaki, danken, mit der ich immer sehr gerne zusammengearbeitet habe und die mich immer wieder als bessere Autorin aussehen lässt, als ich tatsächlich bin. Ich möchte auch Charlene und Larry Woodward von *Dogwise* für ihre vorbehaltlose Unterstützung dieser Arbeit danken. Das Team von *Dogwise* und ich begannen unsere Zusammenarbeit zu einer Zeit, als sie noch einen kleinen Paperback-Katalog über Hunde-und Katzenbücher verschickten und ich meine Notizen kopierte, um sie an die Teilnehmer meiner Seminare zu verteilen. Seitdem ist *Dogwise* zum »Amazon der Hundebücher« geworden und hat erheblichen Einfluss auf die Hundewelt genommen. Das Unternehmen hat in diesem Land mehr als jeder andere dazu beigetragen, fortschrittliches Hundetraining und positive Bestärkung bekannt zu machen. Für mich war es eine Ehre, mit *Dogwise* an diesem Buch zu arbeiten. Näher an meinem Zuhause verdienen Denise Swedlund und Andrea Jennings von McConnell Publishing zusammen mit unserem unverzichtbaren Technik-Prinz Joe Rhodes unendliche Lobeshymnen für ihre harte, hingebungsvolle Arbeit. Und an letzter, aber wichtigster Stelle danke ich meinen Rudelgefährten Jim Billings, Willie und Lassie, die mir jeden Tag aufs Neue Seelenfutter geben und mein Herz erfüllen.

Jean Donaldson

Verhaltensfragen

Hunde in der modernen Verhaltensforschung

K^{ynos}

Jean Donaldson

Verhaltensfragen
Hunde in der modernen Verhaltensfoschung

Liebe Jean,
mein Hund bellt jedes Mal wie ver-
rückt, wenn es an der Haustür klingelt
...
So oder so ähnlich beginnen die zahl-
reichen Briefe hilfesuchender Hundebesitzer an Amerikas bekannteste
Expertin für Hundeverhalten. Jean
Donaldson weiß nicht nur praktischen
Rat, sondern rollt auch gleichermaßen
verständlich wie unterhaltsam die verhaltenskundlichen Hintergründe der
verschiedensten »Problemverhalten« auf. Daneben befasst sie sich auch mit
so heiß diskutierten Fragen wie: Gibt es in Wolfsrudeln eine feste
Rangordnung, soll man im Training Leckerchen füttern und wie beeinflussen
Gene das Verhalten? Alle Hundefreunde, die nicht nur das Wie, sondern auch
das Warum interessiert, finden hier eine Fülle wertvoller und hochinteressan-
ter Informationen auf dem neuesten Stand der Tierverhaltensforschung.
Verhaltensfragen wurde 2008 von der Dog Writer's Association of America
als das beste Buch des Jahres zu Hundeverhalten und Hundetraining ausge-
zeichnet.
304 Seiten, ISBN 978-3-938071-73-1
19,90 € (D) 20,50 € (A) 34,90 CHF

Fordern Sie unser kostenloses Gesamtverzeichnis mit über 250 Titeln an:
Kynos Verlag Dr. Dieter Fleig GmbH
Konrad-Zuse-Straße 3 • D-54552 Nerdlen/Daun
Fon: +49 (0) 6592 957389-0 • Fax: +49 (0) 6592 957389-20
www.kynos-verlag.de